U0142357

漫談 生物科技與倫理

第二版

Informal Discussion Biotechnology and Ethics

廖芊樺 博士 ◎編著

五南圖書出版公司 印行

推薦序

　　生物科技在生命科學的領域中運用廣泛，舉凡基因體、組織工程、再生及奈米科技等，這些在目前及未來至少二十年內人類最重要的科技，均是以生物科技為基礎，而生物技術即為進入這個領域，不可或缺的一門學問。

　　生物技術範圍涵蓋甚廣，動、植物各種細胞的培養、基因表現、DNA 重組、乃至於環境防治醫學與製藥，甚至日常生活常用的化妝品等，分門別類種類繁多。有關這些技術的出版品，往往針對其中某些部分作深入之探討，對初學者恐怕缺少一個整體概念的認知。廖博士整理各種生物技術，彙集成一本生物技術導論的專書，對於有興趣或將要踏入這個領域的初學者，應有極大的助益。

　　廖博士在陽明大學口腔生物研究所時，與我一起研習有關膠原蛋白的生化分析。當時在眾多碩士班研究生中，廖博士表現非凡，亦曾得過陽明大學全校研究生論文貼示報告比賽第一名。畢業後進入台灣大學海洋生物研究所博士班，繼續有關生物技術的鑽研。如今將所學整理歸類，以為後進之參考，雖為耗時之工程，卻也能化繁為簡，使原本複雜難懂的技術化為簡潔之步驟。

　　廖博士不棄，囑我代筆為序，簡單幾句，也算是為後起之秀喝采吧！

許明倫 謹誌

國立陽明大學

臨床牙醫學院研究所院長兼榮譽教授

2022 年 5 月

編者序

　　從求學時代至為人師則有感於生物科技在主導當前社會的經濟脈動，包括產業界、學術界、工業界、食品界、醫藥界及配合生活所需及現代人的文明病激增，不斷創新改進及研發推展的生物技術的領域，在時序的變幻中另人目不暇給。目前在 2004 年生物科技的產品及研發案中，不斷受到社會大眾的認識，臍帶血、玉米與高分解性塑膠、餐盤及垃圾袋、中草藥製劑與新的複方成分、遺傳工程基因產品、抗老化產品、複製動物與新品種的育成、海洋生物高活性抗癌成分的篩選、高分子影像解析疾病探針的研發、高效率快速檢測劑、DNA 疫苗及探針、保健產品與新藥製劑研發、環境復育的快速偵測與檢驗，這一切的快速研發的生物科技產物不僅帶動目前社會整體走勢，更加速國際間及產業界一切的脈動與樞紐，且應用於食、衣、住、行、育、樂各方面。

　　研究界是一個弱肉強食的社會，如海之濱所云，唯有最強健適應性最強的生物才能生存在這世界，因為生物科技是當前社會的脈動與時勢所趨，將現今艱深之生物科技藉由深入淺出的方式，藉由在大環境中探討社會、經濟、教育、學術、文化、政治

上及國際舞台上，從不同的立足點上加以研究與探討各種倫理現象。不僅具備生物技術知識，透過敏銳心靈的感受，將生物科技與大自然神奇奧妙的訊息，來瞭解並體會出對台灣當前社會與文化的衝擊與最新科技的脈動，並藉由深入淺出的方式讓初學者對生物科技與倫理有新的見解與看法，或是經過全盤的重新思考達到學以致用的認知模式。

　　此書編譯出版付梓不免有疏漏，倘有不適之處尚請讀者不吝惠賜寶貴的意見，並請諸位海涵，也感謝諸多先進前輩與所任課學子的對生物科技之讀後心得在此書編撰期間所給予的鼓勵與協助，特此感謝！

廖芊樺 敬誌

太平洋大學歐亞 AI 智能學院教授兼院長

2022 年

作者簡介

現職

1. 太平洋大學歐亞 AI 智能學院院長兼教授
2. 天潤雙玥公司副董事長
3. UNIP 國際期刊編審委員
4. 美國加州大學協同史丹佛大學及柏克萊加州大學三大名校聯合合辦博士後研究與訪問學者研究班與國際總裁發展班之教授兼導師
5. 國立台灣大學海洋研究所、農化系及太平洋大學碩士、博士班指導教授
6. 大坑農泉水休閒農園董事兼開發部經理
7. 金豐企業財團公司資深顧問師
8. 網路七仙姑廟暨芊樺開運顧問公司董事長

學經歷簡介

1. 井田國際醫藥廠研發專案經理暨 Raise 計畫博士後研究
2. 臺萃生技公司研發經理
3. 雲林縣斗六太子宮及虎尾天后宮顧問
4. 雲林縣台大校友會理事
5. 立瑞畜產公司品管研發經理
6. 大普生技公司技術總監
7. 環球技術學院專任助理教授兼美容造型設計系及生物科技系籌備主任與美造系創系主任

8.中華民國美容經營暨管理學會美容科技期刊審查委員

9.南華大學兼任助理教授

10.樹人醫護管理專科學校專任助理教授兼任總務主任與資訊科主任

11.華梵大學助理教授

12.國立成功大學與國家衛生研究院分子與基因醫學組合聘博士後研究

13.基因數碼生物科技股份有限公司資深研究員

14.中天生物科技股份有限公司資深研究員

15.中華藻類學會理事

16.中華藻類學會主編

17.華梵大學講師

18.劍橋中醫學院檢、特考生物學講師

19.長庚醫學院助教

20.國立台灣大學理學院海洋研究所海洋生物暨漁業組博士畢

21.國立陽明大學口腔生物研究所碩士畢（畢業壁報展論文比賽全校第一名）

得獎作品

市場一景（國語日報）、我評孽子（嘉農青年學刊刊載全校作文比賽第一名）；有些作品曾刊登於幼獅少年、學刊及中華藻類學會。

著作

1.學術界有關之國內、外專書

2.大學用教科書：

　(1) 新編生物學

　(2) 生化工程

　(3) 奈米科技與生活

　(4) 微生物學實驗

　(5) 美容醫學與生活應用

　(6) 新編生活化學

　(7) 分子生物學

3.國內、外著作期刊約有百餘本（篇）

目 次

第一章

漫談生物科技與倫理的定義與範疇

從 1950 年代開始發現有 DNA，於是對生物科技本質的認識更往前進一大步。人們逐漸由基因上 DNA 的排列次序來瞭解為何每種生物與個體各有不同特質。也因它的變異而產生畸形或疾病，更進一步利用基因的轉殖來生產某些特殊物質或來複製生物等。在這短短的 50 年，由於生物科技的急速發展，許多過去的「科幻」，今日已逐漸的出現，且人們對未來的發展也充滿了信心與期待，因此約略可以「昨日之夢、今日之寶、明日之星」來形容「生物科技」，21 世紀也因而被宣稱是「生物科技」的時代。

所謂生物科技乃當今世界公認之 21 世紀最具潛力的科技之一，尤其在基因重組技術發明後，其發展更加突飛猛進。現時許多國家竭盡全力進行有關方面的研究，並希望成為下世紀的生物科技強國。近年來，世界上的進步國家皆提倡科技之發展，且預言生物科技將是繼電腦科技成為 21 世紀之科技發展主流，奈米科技、複製人、臍帶血等等發展，這一切的努力出發點雖都是有益的，但卻也可能弄巧成拙，反將人類陷入料想不到的境地。

人類在科技文明史裡，已歷經三次影響深遠的革命：第一，200 年前的「工業革命」；第二，近代的「半導體和電腦革命」；第三，11 年前開始進行的「人類基因體解碼計畫」。無疑地，憑藉電腦的無窮威力，第三次革命已將傳統的生物科技和藥物研發，推向一個新的里程碑。而因此更藉由加強對生物科技新知的認知，進一步探討在倫理層面的關係，而對整體性的發展有全盤的認識與瞭解。

何謂生物科技

「生物科技」譯自英文（Biotechnology）。Bio-（生命、生

物），Technology（技術、工藝）。定義：利用生物體來製造產品的技術「生物科技」是一種科學技術，透過生物媒體將科學與工程原理應用到物質生產，嘗試去改善五穀（農業）、製成新藥（藥劑）、燃料與化學品（能源）、食品和飲料（食物科技和發酵科技）及分解環境上的廢物（環保）。近年來更應用於細胞（或微生物）的基因改造，嘗試透過遺傳工程（genetic engineering）去治病（醫療）。依據國科會科學技術資料中心所做的定義，「生物科技是利用生物程序、生物細胞或其代謝物質來製造產品，改進傳統程序，以提升人類生活素質之科學技術」。生物科技是一個跨學門的整合性科學，可分為廣義與狹義兩種：廣義的生物科技，也就是傳統的生物科技，包含微生物學、分子生物學、生物化學、遺傳學、動物學、植物學、細胞學、免疫學、生態學、化學、物理、統計、以及工程學等科學而成就的科技學門。而狹義的生物技術，或可稱之新生物科技，係指由傳統生物科技所發展的關鍵技術，例如遺傳工程、蛋白質工程、細胞融合技術等。例如遺傳工程其中的微陣列（micro-arrays）是台灣目前最熱門製造生物晶片的基礎技術。其實，生物科技的應用，早從幾千年前，人類利用植物釀酒或是神農嚐百草的時代就已經開始了。到了 20 世紀初期，我們可以說此一大段為傳統的生物科技時期。它包含了農業的耕作、家禽牲畜的飼養、藥用動植物採集與萃取、食品工業上的釀造技術。1940 年代第二次世界大戰末期，可說是近代的生物科技時期，以抗生素盤尼西林的量產技術為開端，利用突變微生物的超高生產力，與能抗雜菌污染的大型發酵槽，進行抗生素、檸檬酸（有機酸）、味精（氨基酸）、酵素、飼料用酵母等大量生產。1953 年美國的生物學家華生（James Watson）與英國的物理學家克里克（Francis Crick）一起發表了 DNA

（去氧核醣核酸）的物理結構，揭露了生物遺傳物質染色體的分子層次上的結構，開啟了1970年代初期分子遺傳生物學蓬勃發展的一頁。這時期可說是新生物科技的時期，包括基因重組（DNA recombination）與選殖（cloning）、細胞融合（cell fusion）、單株抗體（monoclonal antibody）、蛋白質工程、組織培養與生物反應器等技術，這些突破性的發展與應用，創造了美國生物科技產業的蓬勃發展。

生物科技之發展

　　生物科技不是一門新的技術。早在遠古時代，人類已懂得利用及改良自然生物去迎合生活上各方面的需要。早期利用生物技術過程的例子包括釀酒和烘烤麵包。現代生物科技包括基因改良、基因重組和基因治療等。而這些嶄新的生物技術較傳統的技術更快捷、經濟及可靠。新生物科技也包括：(1)遺傳工程技術；(2)細胞融合技術；(3)蛋白質工程技術；(4)細胞培養技術；(5)發酵技術；(6)生化工程技術；(7)生技系統技術等。

從加工出口和半導體到生物科技

　　「亞洲高附加價值製造中心」口號和「全球經貿政策與產業政策前瞻」方案接軌之際，陳水扁政府已經擺明，生物科技是台灣未來經濟發展最重要的工業，現在來談談萌芽中的台灣生物科技，或許正是時候。相對於半導體產業走勢的疲軟，台灣生物科技山頭卻強風處處，只可惜意向灰澀、前景不明。本文將首先簡約介紹什麼叫做「生物科技」，及其主流內容、演化、和生物科

技產業的高階果位—「病理、藥理基因檢測」和「藥物研發」。
接著即在下一章節帶領讀者在「台灣生技道上」巡遊探險，觀覽
「生技前線」和「台美生物科技計畫」。最後，將在「創投」、
「經驗人才」和「生技教育」稍做發揮，留下「根的哲學」供大
家思考。

　　「開創、進取、勤奮」，本來就是海洋台灣的文化特質，這
些正面人種品格表現在工商發展的可觀事略，要算是早期加工出
口導向計畫經濟的發跡，以及近代半導體相關資訊產業的飛黃騰
達。然而，遠在 1982 年就已規劃的生物科技，卻經歷長期潛伏和
無為而治，一直要等到上個世紀末，台灣這塊美麗的島嶼才頓
悟，非得趕搭國際生物科技列車不可。比起半導體相關產業，台
灣生物科技產值顯得相當卑微，例如，新竹工業園區過去 20 年總
產值的八千五百億台幣中，生技有關類別才只五、六億，未及總
額的 0.1%。目前產官界所定義的生物科技，是指傳統製藥業、醫
療保健器材業，和新興生技業三者，其中，依台灣生技股市大
小，醫療器材製造商表現最為強勢。這些生技和學研界所談的基
因體、基因醫藥和藥物研發，亦即國際生技主流，相差甚遠。可
以說，目前台灣生技的絕大內容是屬於「低階果位」（Low Hang-
ing Fruits）的產業。

　　生技內容若依產官界所歸類，那麼 2002 年全國總產值尚屬可
觀，超過台幣一千零二十四億元（約美金三十億），其中製藥業
五百二十億，其次為新興生技業二百八十億，醫療保健器材業二
百二十三億。新興生技業包括生技醫藥品（試劑為大宗）、工業
化學品、農業生技、環境生技、食品生技等。這些生技正好反應
目前台灣的優勢，也就是製造業。然而，令人奇疑的是，官方和
民間不時在問：「生技界的李國鼎和張忠謀在哪裡？」從橫向和

縱深兩面觀之，已趨成熟但只片面前進的半導體製造業，固然從8吋晶圓過渡到12吋晶圓還有廣闊時空可供悠遊，都很難和國際生物科技主流的廣袤和浩瀚相比。因此，先給予「生物科技」一個客觀的界定似乎有所必要。

生物科技的緣起和演化

狹義而言，「生物科技」是指1970年代後期開始，利用細菌或動物細胞培養以生產「蛋白質藥物」的基因蛋白表達工程，其歷史因緣可追溯到百年以前的微生物發酵技術，以及1900年代初在歐洲德國開始進行的遺傳工程研究。此生技可以美國的生技公司Genentech和Amgen為主要代表；除了蛋白質和單株抗體藥物，這兩家公司也在7、8年前，開始從事小分子有機合成藥物的研發計畫。廣義而言，生物科技又涵蓋了1990年開展的「人體基因解碼計畫」（Human Genome Initiative）所衍生的「基因圖譜」和「蛋白圖譜」等「生物資訊」硬體和軟體科技，以及「高速篩選」等等技術平台。許多新興的生技公司，尤其是生物資訊類，如雨後春筍般地成立，例如，在美國的 Affymetrix（硬體）和Celera（軟體）。除此之外，還得加上「聯組化學合成」、「基因轉殖鼠」等難以細說的科技。初階人體基因解碼已接近完成，現在已進入後基因時代的「功能基因」（Functional Genomics）和「單一核甘酸多樣性」（SNP）的研究，並開啟軟體生物資訊的新世界。這一切近代科技和資訊的最終目的在替二樁大產業服務：「病理和藥理基因檢測」和「藥物研發」。

因此，生物科技也統括了傳統研發型製藥工業，因為它們也和以上所謂的新興科技緊密地結合在一起。不但如此，一般所謂

生物科技也包含了基因轉殖動物、農業生技、食品生技、環境生技、細胞療法、基因療法、幹細胞技術、中草藥篩選萃取等等多得不勝屈指，只差沒有將固精丸、還少丹、運功散、十全大補湯等等流派算進去而已。

　　生物科技，簡稱生技，因廣泛被使用而變成很時髦的口語，如同桃莉、克隆豬、克隆羊等一般，連在行外看熱鬧的人士都想沾點邊。然則，置身於如此生技汪洋中，如何看出國際主流和脈動？

▌生物科技的高階果位

　　「生物科技」的主流在於「藥物研發」。這包括小分子藥物（天然或合成）、蛋白質藥物、基因藥物、疫苗藥物和特殊劑型藥物，至少往後 20 年是如此。2001 年 6 月在美國聖地牙哥舉行的國際生物大會（BIO 2001），也證明是如此，與開發新藥有關的研究是最吸引人的話題之一。細胞、組織移殖或再生之類的應用是 10 年、甚至 20 年之後的事，目前缺乏臨床規範，何況此類醫技還得以抗排斥藥為靠山，20 多年來未曾出現過理想的抗排斥藥，市場大得驚人，是藥物研發中最熱門的研發項目之一。

　　服務性質的基因晶片、蛋白晶片等硬體，供學術和工業界研究用已有 5 年以上的歷史。生物資訊軟體科技比較吸引人的地方，在於檢測、蒐集、整理、和分析與生理、病理和藥理有關的基因和蛋白資訊，須要相當長遠的研究工夫，才能理出可靠而且有實用商業價值的資訊，至於要達到「個人化醫療」的技術位階，以目前而言，可謂十分遙遠。這些將來可用於基因蛋白檢測的高科技，無非也是要為藥物研發這條大道服務。基因、蛋白圖譜、高

速篩選、生物資訊等科技目前的演化是朝向「獨大」和「統合」兩條路途走。所謂獨大，是把自己定位在硬體設計，例如，Affymetrix 和 PE Biosystems（軟硬體兼具）。統合，是指軟體公司被大藥廠併吞，例如，Merck 併購 Rosetta Inpharmatics；或者是軟體公司之間的整合，例如，Incyte 和 Lexicon 與 Exelisis 等生技公司之間的策略聯合；或是軟體公司的合併，例如，Sequanom 和 Gemini Genomics 二家公司，已走向發現新藥的道路。軟體公司的命運大都如此，因為他們至高無上的賣點是在於 Functional Genomics（功能基因資訊），他們自認掌握了無數的「病理基因目標」，可供藥物研發。

前瞻性的技術平台、生物資訊公司都獨自往藥物研發的方向走，其中相當特殊的至少有三家：Human Genome Sciences，挾其基因蛋白表達的技術優勢，已定位為蛋白藥物研發藥廠，也有自己的蛋白複合工程的生產設施；Oxford Glyco Sciences，為基因圖譜和蛋白圖譜雙料公司，同時也是新藥開發公司，最近向美國 FDA 提出新藥審核，為口服小分子藥物，用於治療 Gaucher 遺傳症；Millennium，它除了提供大藥廠資訊服務之外，自從併購了 LeucoSite 小藥廠後，也信誓旦旦要成為小分子和蛋白藥物兼備的研發藥廠，最近已有新藥被 FDA 批准（Campath，治療血癌的單株抗體）。

另外，以「高速篩選和聯組化學合成」起家的 Aurora 最近被 Vertex 藥廠收購，後者以藥物設計出名，已有抗愛滋藥在市面使用。同樣是「高速篩選和聯組化學合成」技術平台的公司 Pharmacopeia，與找尋致病基因起家的生物資訊公司 EOS 合併，走向新藥開發的途徑。其他如 Curagen，是出色的生物資訊公司，又有毒理基因（Toxicogenomics）的技術平台，也朝藥物研發挺進；

GeneLogics，只販賣基因資訊和工具，能獨立多久不無疑問。許多的生物資訊公司在未來 5 年內，將難逃 DOT. COM 的泡沫命運，除非它們能在藥物研發的世界找到立足點。美國 Celera（賽亞）生物資訊公司，以及 2002 年才成立的台灣賽亞公司，也在談開發新藥。後者強調台灣及亞洲人特殊疾病（鼻咽癌、消化道癌、肝癌、子宮頸癌）的生物資訊，要在 4 年內開始獲利，值得鼓勵，它的將來性在於替病理檢測（Diagnotics）台灣藥物研發（Therapeutics）發揮前瞻和啟示雙重作用。

　　以上簡單的例子在於說明，台灣醫藥研發絕無法置身於國際生物科技主流，沒有研發就沒有生物科技。由此可見，即將在中研院開展的「功能基因」研究，其重要性不言而喻。所有以上提及的開發新藥，是指發現新藥的最初早階段（Early Discovery），藥物研發的好戲和重頭戲還在於後頭。

　　暫且不談「明星產業」、「利基點」和「創投」，現在可想像有這麼一條充滿挑戰的道路，並想像這其中暗藏著多少玄機和商機——「無論是三分天註定七分靠打拼，或七分靠運氣三分靠聰明，從無量無邊天然或合成的化合物浩瀚裡（大約有 10 的 27 次方），去找尋並發現到可以發展的（developable）、有前途的新藥，無論是小分子、蛋白質或基因，或者靠著蛋白質結構解析而由電腦設計出可能有用的治病化合物，並且去找尋和證實可以互相配合的致病目標（酵素、接受體、或離子管路等），在經年累月、寂寞而艱辛的路途中，通過試管、動物、和人體的試驗，證實新藥確實有效而且安全，或證實舊藥可以新用（例如 Thalidomide），或開發現行藥的特殊劑型，通過國家衛生機構的嚴格審核，被批准上市，藥物量產製造和國際行銷，售後長期臨床追蹤，經得起多年的市場考驗和競爭品的挑戰，獲取亮麗的商業利

潤，並資助藥物研發的持續進行，進而帶動週邊產業的成立。」

　　這條屬於「高階果位」（High Hanging Fruits）的產業道路，無論是從前段開始、中間切入、或從事後段的臨床試驗和量產製造，應該是嚮往台灣科技島的生技策略必須予以正視的。如此，才能將產、官、學、研、商、和民意代表六界結合在一起，並操用共同的科技語言；也唯有如此，台灣生技產業才不致於將傳統的中草藥提為無限上綱，緊緊繞著海峽兩岸團團轉。

▋藥物研發所帶動的科技人文

　　科技者，科學和技術結伴所結晶而出的事物也。這意謂生物科技產業，不論何種類別，是新穎的基礎研究和應用研究結合的產業。因此，生技的主流價值觀是建立在「以目標、產品、和國際行銷為導向」的基礎之上，是商業資本主義物質文明的最高表現。

　　生物科技產業和半導體製造業最大的不同，在於前者的「高度知識密集」和「受醫衛法規節制」。如果生技產業指向開發新藥、開發新劑型、或是開發置放於病患體內的微小器材、細胞、基因等研發活動，或是檢測正常人和疾病者的基因以收為商用的生物資訊時，換言之，是以人體為研發對象，那麼這些科技活動就必須如同歐美日等先進國一樣慎重，接受國家衛生機構的規範。這就點出了台灣必須加緊制訂完備嚴謹的臨床法規的迫切性，以匡正醫藥倫理。如此，才有利於正規研發活動的進行，畢竟這些研發活動比起追求桃莉、圈養克隆豬和基因轉殖鼠，有著天壤之別。

　　從減輕或解除人類生理或心理病痛的觀點而言，換言之，從

關切人類整體健康福祉來看，藥物研發的科技活動就不單止於單純的科技應用和利潤追求，它其實也包藏了「免於疾病」的人文要素。這也就是為什麼藥物研發從頭到尾的完整科技和工業只見成就於少數資本主義先進國。這些國家固然資金雄厚和人才濟濟，但比任何其他地球角落，他們的確比較重視人命。或許可以這麼說，只有在重視人文的環境裡，進行藥物研發才有實質意義。進一步而言，這樣的生物科技文明，才算是「知識經濟」活動的重要一環，更是台灣想成為科技島所必須具備的。從所涵蓋的科技而言，藥物研發牽涉到橫向、縱向的才能：分子生物、生化、化學、化工、生理、醫學、免疫學、藥理、藥物化學、毒理、藥物劑型和傳送、動物、基因和蛋白表達工程、醫藥法規、臨床追蹤、統計、電腦、量產製造、法律（智慧財產保護和醫藥糾紛）、財務、和健全的醫衛機制等等。藥物研發多少有點像師團的全方位陣地戰，既要求戰士具備民主協調的素養，也要求戰士聽命於共識和指揮。由此意義延伸，要整合和領導以發揮低成本、高效用的各種團隊研發活動，終要比各別的高科技更具挑戰性。因此，要提升台灣生物科技的水平，就必須打破威權主義、學閥主義、以及政治掛帥；同時，推動科技「透明化」和「平易近人化」，生物科技並非高不可攀。除外，藥物研發還必須具備三 P 的要素，亦即 GLP（優質實驗室）、GMP（優質製造廠）、和 GCP（優質臨床試驗）。其實，這三 P 的基本精神在於凡事負責以經得起嚴格的稽查，也剛好反映出生物科技和藥物研發活動的基本要求：「誠實、正直、倫理」。

▌TAST 2001、BIO 2001，和「生技前線」

　　來自台灣的科技人士關心台灣生技產業的發展，是極其自然的事，去年 9 月在北加州的台灣工程師協會的生物科技組，和 2001 年 4 月在南加州由台灣人教授協會（NATPA）和航太協會（TAASA）合辦的「台美科技研討會」（TAST 2001）的生物醫學組，在兩地各舉辦有關生物科技的研討會。TAST 2001 也開辦了「創業投資」的座談。

　　在 TAST 2001 生物科技四位講員的議題，全部集中在台灣生物科技和藥物研發：中研院院士吳焜玉談論台灣基因體研究；生物科技中心執行長張子文敘述台灣生物科技展望和生技中心新創立的「生技前線」（Biofronts）的計畫；怡發科技副總裁談台灣本土製藥工業的升級和轉型；最後由高雄醫科大學研發長簡逸文講述台灣生物科技和藥物研發的策略，以及藥物特殊劑型的展望。這四項議題剛好涵蓋台灣產學界對生物科技發展的企求。

　　在美國聖地牙哥舉辦的世界生物科技大會（BIO 2001），來自台灣的攤位雖然只有「生物科技發展中心」和「先進基因」兩家，但包含產、官、學、創投公司的百人團是相當醒目的。這次透過「美國在台協會」（AIT）和「生技中心」協調的朝聖和招商活動，是由行政院政務委員蔡清彥和國際知名的生技中心執行長張子文所帶領執行。由這次大行動可看出台灣生物科技目前的風向，以及生技中心「生技前線」的計畫對本土生技企業未來的影響。

　　既然台灣半導體工業的建立是緣起和借助於台灣和美國的技術夥伴關係，台灣生物科技的建立更無法莊敬自強，必然也有賴

於和美國的夥伴關係。由於台灣生技界還未出現可供建設發展的具體案子，創投公司大都往美國投資也就不難理解了，何況目前台灣現有的生技人才，在質和量方面亟待提升，而有高附加價值的技術也很少。台灣到國外創投的多，做技術引進的卻很少，針對這項缺憾，生技中心的「生技前線」計畫是乎有其正面的功能。「生技前線」扮演國內外生技資訊交流的橋樑角色。生技中心所做的研發，是中間切入，由合作夥伴申請專利，經過「生技前線」的評估、篩選之後，再引進來做後續研發，這個過程已很有機制，由生技前線遍布歐美的科技連絡員以及內部共二十多人員的人力資源負責協調。這是屬於「橫的移植」。

　　「生技前線」的哲學是，台灣未來生技產業的主流應該是扮演中間研發角色，而不是從頭到尾自行研發，可借助美國前段的成果，在台灣作中間研發，再進行亞洲市場的開拓。生技產業和半導體工業以製造為主的發展不同，前者最有價值的部分是創新、智慧財產權、和市場擁有權。生技產品的製造成本很低，很難在代工得到很大的價值。張子文表示：「很多國外生技公司，期待能把亞洲市場授權給我們，就看中生技中心承接這些技術的水準」。

　　在現階段 5 到 10 年間，台灣學術界的創新和技術，還未能滿足產業界的需求，生技中心並未否定本土的創新，只是學研界的創新數目還不夠。行政院曾經期許，要在 10 年內將國內生技公司現有的 20 多家增加到 500 家，以每年 25%的成長率，提供二萬五千個就業機會。這個願景的實現（如果可以實現的話），恐怕不是中研院的學術高塔、國科會、或國家衛生研究院所能獨立承擔的。未來 5 到 10 年，是台灣發展生物科技的關鍵期。

▌經濟版塊位移中的調適—新加坡的例子

　　新加坡，東南亞微小彈丸之地，在 1980 年代就已搭上國際生物科技列車，其在高科技和金融服務的崛起，絕非純粹因為他們是一個說英語的國家，而是在全球經濟版塊逐漸移向東亞和南亞市場之際，他們的社會產經結構就已逐步調適。鄰近的新加坡，具有高度透明化、公正遊戲規則、和高可信的投資環境，過去十幾年來他們已經在生物科技各方面步步為營，以下提供 1997 年以前的例子，就足供台灣參考。

　　新加坡很早就構想，要把彈丸之地打造成為亞洲的藥物研發和醫療工業中心，首先由經濟發展局（EDB）撥款一億美金，成立分子和細胞研究中心（IMCB）。IMCB已被公認為在遠東一流的基礎研究中心。1989 年，英國 Glaxo 藥廠投資五千萬，做神經方面基礎研究。1990 年，EDB撥款二千萬成立新加坡生物創新機構（Singapore Bioinnovation; SBI），做技術轉移工作。過去多年來，SBI 已經在美國及其他國家種下諸多善緣。在美國，至少有六個都市設立連絡辦公室，提供種種優惠條件，鼓勵美國和其他國家的生技公司，在新加坡本土投資或科技轉移。SBI 在美國投資不少生技公司，例如 Amylin（糖尿病）、Gilead（肝炎和愛茲病）、和Affymatrix（基因晶片）。在中國，SBI投資一百五十萬於干擾素（Interferon）生產計畫，並為此在本土成立 Singapore Si-noTech。SBI 和 EDB 積極和中國建立技術連結。EDB 在其本土規劃 50 公頃工業園區，做為藥物成品製造中心。

　　於 1993 年，IMCB 和英國 Glaxo 藥廠共同投資，成立天然物研究中心（CNPR）。其他共同資投的生物科技遍及分子醫檢、

聯組單株抗體藥物（Phage Display）、和直腸癌、愛茲病、傳染病等藥物，以及在菌體萃取藥物；結盟的藥廠有 Glaxo、Pfizer、Boehringer、Lynx 和 Applied Genetics。IMCB 把它所研發的技術分出，成立了新加坡基因公司（GeneSing）。1994 年，Genlabs（與台灣健亞公司有關）將其醫檢部門總部設立在新加坡，並於 5 年內投資四千萬。在醫療器材方面和 Baxter（德國）、Becton Dickinson（美國）、和 Japan Medical Supply（日）等公司共同投資，設立製造靜脈注射以及有關器材，供應全世界所需。

在 1996 年，美國 Shering-Plough 藥廠宣布投資三億，在新加坡建立製藥廠，生產該公司成品。同年，美國 Eli Lilly 藥廠和國立新加坡大學和新加坡的國科會共同成立臨床藥理中心。新加坡成立亞太（APEC）優質臨床試驗（GCP）協調中心，為亞太國家提供臨床藥物研發（Clinical Trial）的服務。在 1997 年，又有美商 Smithkline、法商 Rhon-polenc、及其他藥廠和新加坡建立夥伴關係，其中 Glaxowellcome 投資一點二五億，建立新的和提升舊的研究和生產設備。在 1997 年，亞洲藥物、醫療方面（生技）約有一千五百億美元的市場，在那往後的 5 年間（1997～2002），預估將成長 70%。新加坡這塊人口和資源均遠遜於台灣的彈丸之地，在 1996 年的生技總產值就有二十二億之譜（約七百五十億台幣）。台灣在 2000 年的生技總產值約美金三十億。

以上例子說明了新加坡在建立內需生技工業所付出的努力。但是，他們也在國際上直接購買生技公司做為全球化的據點，最近的例子是新加坡科技集團（Singapore Technologies Group）的生醫創投公司（Blue Dot Capital），投資英國的一家抗癌藥研發藥廠（Scotia Quanta Nova）。

新加坡最受國際注目的，莫過於這一兩年所投下的大計畫，

斥資超過四十億美元，從事基因體研究（Singapore Genome Project）及相關醫藥研發計畫。新加坡能將新穎的基礎研究和應用研究合一落實於本土，十幾年一路走來，和國際生物科技主流建立了廣泛和深固的連結，其入世、普世的小而美社會觀甚具參考價值，尤其是新加坡企業的財經機制，已臻國際化標準。

新加坡基因體研究計畫由一年輕的醫學博士（Edison Liu）所領導。2002 年 11 月在美國聖地牙哥由「台灣人生物科學會」（TBA）所主辦的幹細胞（Stem Cells）研討會，他已受邀演講關於「基因和蛋白表達的微排列科技」。會中，台灣中研究生醫所新科所長陳垣崇，將演講在台灣進行的有關於病理、藥理的「功能性基因研究計畫」（Functional Genomics）。該研討會由 Scripps Institute 的血液學研究部主任游正博所籌劃。或許這次 TBA 所舉辦的 Stem Cells 研討會，是將來台灣和新加坡在基礎醫學和應用研究方面攜手合作的一椿善緣。

▌生技創投、政策，和「根的哲學」

過去 20 年來，台灣將人力和財力資源大舉挹注於半導體電子資訊科技，在製造方面的確享受過榮華富貴，累積巨大創投資金；但物極必反，同時也造成人才和科技失衡的局面。在生物科技層面，過去確實是資金匱乏，本土人才也欠缺。國科會統計資料顯示，2000 年全台 R＆D 投資總值的一千九百億台幣中（約六十億美元），生物科技只占了極微小的比例。既然官方和民間都看好生物科技的未來發展，為何有如此偏差？2002 年 5 月陳水扁允諾未來 5 年，每年投資三億美元（台幣一百億）於生物科技，也只不過是 2001 年 R＆D 總投資的 5% 而已。R＆D 對照 GDP

（國內生產毛額）的比值，台灣遠遠落於韓國和日本之後。根據2001年瑞士的全球競爭力報告，台灣的 R & D 人力居第九位，但其預計則占第十九位。國科會預算 10 年內，將現有 GDP 的 2.05% 向上提升到 3%，期望科技發展到與已開發國家並駕齊驅。未來10 年政府在生物科技的預算，值得觀察。

　　然而，台灣在生物科技的可用資金真的短缺嗎？如果創投可以購買人才和科技，那麼台灣錢淹腳目，生物科技資金吃緊應不存在的，台灣的問題首先在於「缺少研發、創新不足」，是「根」的哲學問題。

　　近來官方和民間有一個共同的構想，那就是網羅零星分散的創投業者，將民間創資集結七百億台幣，加上政府開發基金三百億，共一千億（合美金三十億），來投資美國剛起步的生技公司，將技術轉於入台灣，或做亞洲市場的代理權。此構想點出了生技中心「生技前線」所吹送的風向，引發不少爭議和質疑，也點出學術和創投兩界所存在的溝距。

　　不少爭議是屬於「雞生蛋或蛋生雞」的哲學問題，例如，中研院院長李遠哲對創投議題首先發難，在 2002 年 1 月四年一度的「全國科技會議」的開幕當天就說，「企業經常發大筆錢，赴國外尋求技術轉移，但相對的對國內投資很少，造成學術與產業斷層」。上游的中研院，固然有些研究成果，也有優質的技術轉移辦公室，但是少數的成果（例如來自分生所的疫苗、抗體和生醫所的基因晶片），並未能滿足產業界的需索，卻也是事實。產業界關心的是可以發揮實際效用的專利成果，而不是發表了多少學術論文。

　　李院長希望創投界把錢放在那個研發目標，也應該說清楚講明白才對。致於中研院希望今後每年要花費三千萬美金於「功能

基因」研究，如何落實為生物科技和藥物研發，以及在何時以何成果讓創投界也能雨露均霑，恐怕也得費一段時日和相當唇舌。2002 年 5 月李遠哲在會見奧地利維也納生物科技中心代表 Karl Kuchler時表示：「除非有一個組織起來領導生技工業的發展，台灣的生物科技夢就不會實現；中研院已準備好要當這個領導者。」既然中研院這麼有信心，全國各界只好向上看齊，向上提升。這次「全國科技會議」，產業界不捧場，光是學界一頭熱，連籌備委員會名單中的幾位重量級工商大老都未出席。的確，台灣創投資金是飽滿的，但本土的產學界取得不易。這個差距，有人說需要由陳水扁政府出面調停，在諸多山頭的使勁角力當中，能做出圓滿的功德。

　　比照半導體資訊產業的創投，創投企業在台灣本土投資於生技和製藥是否算少？經濟部資料指出，在 1996 年到 2000 年的 5 年間年分別投入了八、六十七、七十九、四十三、一百二十億台幣，預計 2002 年為一百四十億，總共將近五百億（折合美金約十五億，平均每年三億美金）。資金投注高階—低階果位企業的比值，不得而知。台灣自 1983 年推展創投以來，已核准一百三十餘家創投公司成立，在全國科技產業所帶動投入的資金約達八千億元，其中在新竹科學工業園區的累進投資額將近五千七百億元。在生物科技的經濟政策方面，學術界應該落實研究，發表數篇學術論文，以嘉惠本土生物科技的發展。

　　國際生物科技總投資知多少？生技圈曾經有一段很長的蕭條期，但是過去 5 年來，生技工業的「創投」逐年加碼，估計在 1999 年和 2000 年，全球總共分別投入了一百億和三百二十億美元。美國生技股市 2000 年 3 月下旬開始傾斜衰退，迄今可謂哀鴻遍野，但生技創投並沒有畏縮。

　　台灣創投居世界前三名，在某種定義下，創投活動相當靈活，隨時可大膽西進、東進、或南進。創投的動作繽紛頻繁，對台灣生物科技發展，若未居乾坤之紐，至少也執牛耳。從客觀角度而言，這是台灣的優勢所在，畢竟沒錢一切免談，因此，如何駕馭創投水牛，為台灣這塊土地盡播耕功德，是台灣生技策略的重大課題之一。飲水思源，從那塊土地取得的，也該回饋於那塊土地，這也是屬於「根」的哲學問題。

　　遺憾的是，多數人在談創投和利基，鮮少有人公開談論台灣應該從事什麼樣的生技研發。民間創投來勢洶洶，幾乎已把生物科技研發的「內容」、「經驗人才」和「教育」的問題全丟在一邊。這種情景，和政府行政部門一樣，政策計畫特別多，官樣科技會議也多，計畫經濟式的政策包袱還滿重的。減稅、政府資金、和租地優惠除外，以下是幾項有關台灣生物科技的重大政策。

　　1982 年，政府將生技列為八大重點科技之一；1984 年，開辦生物科技發展中心；1995 年，行政院通過加強生物技術產業推動方案；1996 年，成立國家衛生研究院（其中之一為生物科技和藥物研發組）；同年，經濟部成立生物技術與製藥工業發展推動小組；1997 年，行政院提出行政院開發基金投資生物科技產業五年計畫，投資金額高達二百億元台幣；1999 年，開始推動加速生技公司上市上櫃；2001 年，經濟部推出「中草藥產業技術五年計畫」；2001 年，經發會達成共識，設立「生物科技局」（Institute of Biotechnology），提供國際生物科技有關資訊。

　　有人問，這些德政義舉和主流生物科技研發有關嗎？是否有關，要看從那個角度來衡量。加上衛生署、中研院、國科會、生技中心、工研院、工業局、經建會、行政院等，台灣生物科技的「上層建築」，已經是層層疊疊；再加上立法諸公，聲音也不

小，也有很強的意見。台灣學研界的整體支架，也被公務員結構
包裹住，本質上與創投和產業難以搭配。為了跟上國際生技產
業，「台灣生物科技政策」似乎也得進行一次解嚴，以達成「透
明化」和「平易近人化」，好讓創投和產業能將台灣水牛的能量
釋放出來。

　　固然多頭馬車可以面面俱到，但是台灣生物科技產業的運轉
必須以「知識」、「效率」和「生產力」為基準，因此「減少冗
疊」和「集中專注」才能有所成就，何況生技道上還有經驗人才
和教育的問題擺在眼前，亟待解決。

▌經驗人才、教育、亦步亦趨

　　既然創投資金升火待發，規劃中的生技園區也遍布北東中南
各地，產官學界對發展生技工業也殷殷期許，國際科技或許也將
陸續移入，但是兩項關鍵性的問題亟待解決：生技產業經驗人才
不足和生技教育的配合。這些問題偶爾被公開討論過，事實上有
那麼嚴重嗎？如果台灣能創建半導體等相關工業，沒有理由台灣
不能在生物科技和藥物研發方面也走出一條自己的道路，因為這
些問題曾經是半導體工業創立之初所面對的，也被解決了。

　　人才和技術的不足，是可以橫的移植來填補的，這兩項工作
是可能辦得到的，因為半導體工業的發展已創造了許多創投資
金，而現在正是創投資金回饋於生物科技的時候了。如果台灣創
投基金能夠做到飲水思源，其對台灣生技的發展自然是功德無量。

　　教育問題，可能要比人才和技術問題更棘手。人們皆知「生
於憂患，死於安樂」的古訓，但能責備年青人好逸惡勞，或責怪
半導體科技把大批知青引入製造業的大洞嗎？現在國內各大學廣

開生命科學的學系，亡羊補牢，為時亦不晚。

　　必須注意的是，生物科技領域猶如汪洋大海，年青人不能只往分子生物學領域靠攏，或忘了到國際先進生技大國多多學習；生物科技又猶如一棵大樹，個人所知所習終其一生也不過是這棵大樹的一枝一葉而已。進一步而言，既然產業經驗人才和科技的不足可以橫的移植，大學生命科學的師資不足也可以此方式來填補。而既然國際化已勢之所趨，科技人力的引進，就不止限於台灣出去的人員了。

　　如果關鍵性的問題能逐步解決，適合生物科技成長的大環境，也就能逐步跟上配合。除外，或許尚有幾件曾經是許多人的意見值得參考：第一，創辦通俗性和學術性的生技刊物，以廣開言路和思潮，系統性地介紹國際主流生技和台灣本土生技；第二，籌組「台灣生物科技協會」和「台美生物科技協會」，以連繫台灣本土和台灣出去的生物科技人員，促進科技和產業交流；第三，定期舉辦「草根性」的「台灣生物科技會議」，以驗收和催促台灣生技產業的發展成果。「開創、進取、勤奮」，本來就是台灣的文化特質，台灣人力猶如台灣牛，素質不錯。台灣社會具多元文化特色，又具備特定的國際觀和人脈關係，又語言能力不比日本人差。這些特色顯示，如果台灣充分和國際先進合作，要將生物科技的精緻產業落實在台灣本土是很有可能的。

　　生物科技顯然是台灣下波經濟發展的最重要戲碼，非做不可的，在在可以印證在這次全國經發會高層的共識，例如陳水扁所期望的「產業突破創新，經濟全球佈局」，以及林信義所演繹的「台灣經濟地位國際化，即國家安全的保障」。

　　不只官方、甚至民間都這樣期望：「建構台灣為人文科技島，塑造台灣成亞太高科技產業研發、製造及服務中心」。面對生物

科技的轟隆前進，台灣只有「亦步亦趨」以趕上國際主流，別無它途。生物科技的快速進步，人類染色體 DNA 的序列逐漸被解開，幾乎所有疾病的遺傳 DNA 密碼一一呈現出來，不出數年，人類治療疾病的模式與機轉將有突破性的進展與改變。自陳水扁總統長孫出生，保存臍帶血便慢慢盛行，大家開始注意臍帶血的重要性，臍帶血與幹細胞是各國爭相研究的新興生物科技，幹細胞研究，是許多疾病的解答，能夠賦予過去無法治療疾病的人們新的生命。人類科技日新月異，人類的控制欲亦不惶多讓的跟進，科技帶給了人們便利與無法想像的未來，但這雙面利刃卻也帶來了令人恐懼的可能性。缺乏人文哲學基礎，一直是反對發展生物科技的知識份子們所抱持的反對原因，當人們更瞭解了這具生物體的構造，也更能夠控制生命的一切，而興高采烈的期望著未來時，卻有許許多多新的問題產生，道高一尺魔高一丈的定論，不難想像將來生物科技的發展會遭遇多少挑戰，當生命能夠複製，會造成多少生物鏈裡的破壞？新產生的疾病不再適用於現有的疫苗，走到了這一步，保持生態平衡將會是最大的考驗。

結論

　　隨著人類的需求愈來愈多，以生物科技的進步來滿足，得到了許多關於生物的奧秘，但科技愈進步將對社會產生愈大的負面倫理層面與價值觀的衝擊，這種欠缺哲學和文化作為基礎的生物技術發展，實在是相當危險的舉動，實有待現今從事生物科技的人才與社會大眾省思！

第二章

台灣生技產業

▌特徵

　　生物科技產業所應用的技術，操作的對象是有生命的，這造成了不確定性增加，使得一項發明商品化的過程相對緩慢，最終使產品生命週期較長。此外，如食品和製藥產業，因為所開發的商品是要給消費者吃下肚的，所以政府法規的要求就特別嚴格。例如 Procter & Gamble 的人造脂肪 Olestra，1959 年開始研究，1971年首次向美國 FDA 申請，1996 年才得到許可上市。而另一波生物技術化妝品在台灣也形成熱潮，添加有生物性原料的面霜，具有保水性、滋養皮膚、防止乾裂的功能，在上市後極受歡迎。這項產品添加有由雞冠中抽取的一種多醣類，科學家更發展出以發酵法由微生物直接生產。在生物技術口紅最有名的是利用名為「紫草」的植物的根，顏色接近自然，對人體無害，保護嘴唇，是生技化妝品極成功的一例。這表示傳統的植物源產品受到西方科學重視，將含有植物、藻類或大型菌菇類物質之產品定義為「植物產品（botanical products 或 botanicals）」。植物具有特殊用途、附加價值高的「特化品（specialty chemicals）」，於醫藥、界面活性劑、香精、色素、染料、調味料及抗蟲殺菌劑，這些植物源特化品（plant-derived specialty chemicals）皆是植物的代謝產物，絕大部分來自其二次代謝，所謂「二次代謝物（secondary metabolites）」。植物之代謝機制，如光合作用、醣解反應、克氏循環（Krebs/tricarboxylic acid cycle）、製造能量的 oxidative phosphorylation 及各類碳水化合物、蛋白質、脂肪酸及核酸之生成機制等。二次代謝物生成所需的組成元件（building blocks）主要的起始物質包括 acetyl-CoA、shikimic acid、mevalonic acids 及氨

基酸（amino acids）。而一些植物特化品用於保養化妝品，最傳統的色彩及香味外，從抗菌保鮮、美白、日曬到防止老化、改善膚質，皆有應用實例，添加的方式則有全萃取物（total extracts）及特定萃取物（selective extracts）兩種應用方式。生物技術化妝品發展潛力無窮，但如何評估安全又是問題之一？另外結合食品與化妝品的觀念所謂「Cosmegenesis」，由飲食調整達健康美麗，國內某些業者所謂的「吃的保養品」，包括了植物產品之應用，當歸製品便是一例。但是法規演進與趨勢是目前影響植物產品發展的最重要因素。1994 年美國國會通過「膳食補充品的健康資訊及教育法案（Dietary Supplement Health and Education Act, DSHEA）」，對植物產品等明確鬆綁，美國食品暨藥物管理局即根據 DSHEA 制訂了「植物產品管理草案（FDA Guidance on Botanical Products draft）」，將植物產品（botanical products）定義為「含有植生物質，如植物、藻類或大型菌菇等成分，且有標示說明之成品（finished, labeled products that contain as ingredients vegetable matters which include, but not limited to, plant materials, algae, macroscopic fungi, etc; or combinations thereof）」，分成食品（food）、藥物（drug）及膳食補充劑（dietary supplement）三類，詳列各項定義條件及規範步驟，將植物產品納入主流。「植物產品管理草案」中有二大改變值得注意，一是對「複方」觀念的接受，一是對傳統使用經驗的承認，FDA 法規不再視「純度」為唯一品管標準，逐漸以「療效」取代，「植物產品」之定位、品管及臨床試驗之要求等均將有根本性之改變，「大眾接受度的提高」與「品管要求的嚴格化」，高精密的品管分析及生物技術的引進，將是產業求勝的必然趨勢。分析方法及分析標準之建立在歐美之規範已不再唯「純度」是賴，而接受了東方「複方」的

觀念，且對於產品規格之管理，也接受以「標誌成分（markers）」為控制標的之原則。以色層圖譜（chromatography）或光學圖譜（spectroscopic）來達成品管之目的；美國 PharmaPrint 公司最近結合 high-perfusion liquid chromatography（HPLC）、gas chromatography（GC）、electrophoresis、2-D SDS PAGE 及離體生物檢測（in vitro bioassays），發展了一套稱為「Bio Printing」之方法，用以篩選並定量具藥效之植物產品，藉以製成標準化的草藥產品。所以「植物產品」以「複方」形式出現的產品，其蓬勃發展自是可以預期，結合現代科技與傳統智慧的趨勢，對於生產方式及產品定位將有絕對的影響。

反觀資訊科技產業，以半導體產業為例，在這個領域最核心的價值就是要「快」，所以我們可以看到台積電的製程幾個月就進步一階段；他們的目標十分明確，開發的對象是沒有生命的矽晶圓，產品的瑕疵也不會對消費者的健康造成很大的危害，政府不用對其產品的上市做嚴格又繁瑣的試驗，他們的效率就可由此展現。

觀察生物科技產業與資訊科技產業，並加以比較後，我們可以將生物科技產業的特色歸納如下：

1. 生物科技產業仍處於萌芽時期。
2. 生物科技產業的研發是建立在紮實的基礎研究上。
3. 生物科技產業商品化的時程很長，需要長期穩定的資金投入。

▊ 生物科技產業的產品與製程會受到政府嚴格的管制

「未來的 20 年將是生物科技的時代」，這是全球趨勢大師

Stan Davis的預言；以時間來說，大師的目標似乎短淺了些。1976年第一家生物科技公司Genetech成立（以基因重組蛋白為基礎），2002年賽雷拉（Clera）才剛於網路上公布人類的基因圖譜，我們才剛學會 abc 而已，未來的路還很長。往後我們將會針對各項生物科技產業做詳細介紹，雖然他們都屬於同產業，但可是有大大地不同喔！

▍台灣生物科技發展之隱憂

對「生物科技」人人有不盡相同的解釋，個人認為生物科技是這樣定義的，那就是應用高科技來探究物質界，包括人類之真相，再利用先進之技術，使人類的健康及其生活的環境返回更自然之境界。「自然」即是道，因此生物科技之發展應該是順乎道的軌跡來發展，方能提升人類的智慧、和諧和幸福。從生物學之角度觀之，人是複雜的有機體，是由以億計的多形態和不同功能的細胞在相當有系統之機制下組合而成的，因此他如一個多元性的社會。這些組成的細胞分子，必須在和諧之條件和環境下方能維持其正常相互制約的功能，達到人體之健康的狀態。和諧與健康，皆由心主宰，這種「心」是屬於人文的和哲學的，這是人是否健康的首要基礎。同樣地，這種「心」亦正是當今我國發展生物科技能否成功之重要因素之一，然而不幸的是，它卻為大多數的領導精英所忽視。

▍生技道上台灣有什麼之一，原料藥合成

在嚴格定義的生物科技主流裡，現行台灣生技遠落於歐、美、

日之後，是否比韓國、新加坡、印度和中國高明，很難衡量。如果說台灣沒有生物科技，未免有失厚道，可是，一般人從產官界所聽到的生物科技只有下列幾項產業比較可觀：模仿晶圓代工路線的原料藥合成、DNA或傳統生物晶片型式的醫檢試劑、醫療保健器材、中草藥製劑、甚至健康食品。

神農和健亞兩家公司，推算在後基因時代因為新藥開發和生產需求可能逐年上升，準備做原料藥的合成代工。這種模式是否符合科技升級，是否和半導體代工製造性質不同，見人見智。有機合成，除非是特別艱難如抗癌藥 Taxol 之類和某些抗生素須經過發酵的半合成階段，已經是高度成熟的技術，而且面臨激烈競爭。如果沒有專利保障或特殊賣點和利潤，將敵不過義大利和中國（世界最大的兩個原料藥生產地區），甚至是其他東南亞國家。或許在這原料藥製造代工方面，存在著創新和高附加價值的技術，亦未可知。

比較獨特的是生達藥廠分支的生展生技公司，利用發酵技術半合成降膽固醇藥Lovastatin，已成為生達產值和利潤的大宗。為了科技升級，台灣製藥業理應朝開發高附加價值藥物特殊劑型產品，或是經手歐美先進國家藥物成品量產的代工，也就是要觀摩 Elan、Alza、和 Andrx 公司的運作模式。其中 Elan 和 Alza 也已開始從事開發新藥。

█ 生技道上台灣有什麼之二，生物晶片和醫檢器材

在華爾街股市，生物晶片（Biochips）被歸類到醫檢器材類。醫療保健器材是目前台灣生技業的大項目，傳統的和biosensor晶片型的醫檢試劑也是，市場潛力似乎相當可觀。目前台灣有百餘

家公司投入生物晶片行列，多數和基因蛋白晶片無關。但台灣在基因晶片硬體的研究，尤其在中研院、工研院和交大，已開始展現實力，或許不久將來可替台灣生物資訊的硬體面立下根基，和國際一較長短，並由此提升醫檢測試的技術門檻。另外，位於台中的先進基因公司，也發展出供藥物研發篩選用的玻璃晶片，頗具有前瞻性，令人鼓舞。

生物晶片（基因和蛋白）的市場，目前只限於學術和工業界，但是隨著醫藥研發的快速前進和技術翻新，以及生物資訊軟體的擴展，晶片的前景可望水漲船高，軟、硬體兩種資訊可以說是相利共生。台灣以硬體鑄造出名，以如此好體質未來走向晶片代工未必不可行，何必因為陳水扁說我們必須走出（半導體）OEM代工的框框，就連同也在生物科技層面畫地自限。但台灣「硬」強「軟」弱，要矯枉則必須過正，因此，為了迎接軟體「生物資訊」新時代的來臨，南港軟體區的設立，有其時代背景和意義。

■ 生技道上台灣有什麼之三，新藥開發

固然藥物研發充滿驚險和挑戰，讓大多數投資者望而卻步，但在台灣本土仍有科技前衛勇於探索。早期有「生物科技發展中心」在開發新藥（小分子藥物）方面做過嘗試，近年來則有數項例子值得一提，尤其是合成藥物在臨床前的研發工作。

在合成藥物方面，有生達藥廠分支「怡發科技」支持的抗癌藥，和瑞安藥廠支持的心臟藥的研究，參與的教授來自台大、長庚、成大和國防大學。尤其顯著的是，由國家衛生研究院生技藥研組前主任許明珠所領航的「太景生技公司」，作藥物篩選工作和開發抗癌和抗感染方面的藥物。太景和美國 Arena 公司合作，

在台灣本土創下與國際合作開發新藥的先鋒。另外，還有透過台灣生技中心由外國引進具有亞洲市場專利權的數項藥物研發計畫，包括與美國Celladom合作的基因藥物的研發。以上例子和其他默默耕耘的單位（如中研院生醫所和工研院等），是屬臨床前的研發工作。

在臨床方面的例子不得而知，因為台灣沒有完整的臨床試驗法規可供三階段臨床研發的依據，若冒然從事鬧出人命，是屬犯罪行為。台灣只有 BA（Bioavailability）和 BE（Bioequivalence）簡易的臨床經驗，用於檢測本土藥廠的學名藥；以及小規模的臨床安全測試，用於審查國外進口藥。台灣有些藥業或進口商為了開拓中國市場，很積極地在海峽對岸做簡便的臨床安全測試。

如果勉強說有完整例子可提，可能是健亞公司已在美國經 FDA 二審後尚未過關的DHEA，是一種男性性荷爾蒙，治療紅斑性狼瘡的藥物。另一例子是生技中心執行長張子文所創辦的Tanox Systems 公司所研發的單株抗體（蛋白藥物）叫做Xolair的抗氣喘藥，和美國 Genentech 公司合作，最近也在美國 FDA 審核尚未過關，必須補做研究。由以上所有例子可推算，台灣的藥研經驗若在本土加以充分演練，前途將是令人鼓舞的，因為台灣也已有本土和國際先進合作的經歷。

一般常識以為藥物研發從初始到審核通過，一個成功的藥物要平均發費五億美金和 10 年以上的工夫。這並非很正確，何況藥物研發並不一定要從頭到尾都自己來做，各種階段是可透過國際分工來完成的。20 年來人類已經累積了許多寶貴知識和經驗，若審慎規劃，從頭到尾的研發只花五千萬美金和費時 7 年是可能辦得到的。最近諾亞公司（Novartis）的一種治特殊白血球癌的藥 Gleevec 是很好的例子，臨床試驗 3 年，送 FDA 審核只花 2 個半

月就通過了。

▎生技道上台灣有什麼之四，中草藥

　　在中草藥方面，生達、神農、健亞、瑞安、科苗、中華公明、益綠康等許許多多公司已積極介入。值得一提的是，台塑集團所投入的長庚生物科技公司，在長庚醫學院、長庚醫院和集團雄厚資金的結伴下，準備在中草藥研發放手一搏，以開發東南亞市場，甚至進軍國際。為了促進本土中草藥產業，2003 年經濟部成立了「中草藥產業技術五年計畫」。國內創投公司（例如統一集團）也在美國北卡州投資，設立天然藥物的研發公司。

　　中草藥固然在台灣土本已漸成氣候，而且商機看似無限，但如何將研究技術位階提升（包括萃取、純化、定化學結構），並融入國際另類醫藥（Alternative Medicine）主流，正是台灣中草藥研發業者必須思考的嚴肅課題，因為歐美先進正在研究如何將草藥的製備規格標準化，更何況草藥製劑也必須通過正規臨床試驗和科學統計的流程。為了探討另類醫藥，美國在 1997 年設立了「植物性產品規範」。換言之，中草藥研發和正統新藥開發一樣，皆事關人命，是屬科技人文。歐、美、日先進藥廠在天然物裡開發新藥少說也有百年以上的經驗，文獻資料如山如海之多。去瞭解抗心肌衰竭藥 Digioxin 和抗癌藥 Taxol 和 Vincristin 的開發史，對中藥研發是有幫助的。

▎生技道上台灣有什麼之五，蛋白質藥物

　　生物科技道上台灣確實有些什麼（小分子藥物），儘管力道

尚待厚實，遺憾是台灣欠缺蛋白質藥物的研發事蹟。蛋白質藥物在學理上是基因藥物和疫苗藥物的前身，前者是直接供應的，而後兩者是透過基因或蛋白引信在人體內催生治療性的蛋白，是屬間接回饋的。

蛋白質藥物研製的技術位階高於小分子藥物，要談研發蛋白和疫苗藥物，首先台灣必須廣建蛋白表達工程的實力，和蛋白的純化技術以供應學研界、臨床前和臨床試驗所需。從細胞培養以產製規格優良的蛋白藥，是研發流程中的高瓶頸階段。

據悉，美國華裔經營的Tanox Systems（唐誠生技公司）計畫在台灣投資美金四億元，在新竹科學園區建立占地五公頃的蛋白質藥物製造廠，設立八座一萬五千公升反應槽，利用動物細胞培養，生產抗過敏和肝炎藥物，預計 2006 年完工生產，開發亞洲市場。這是繼台灣過去嘗試從人體血漿中純化「干擾素」（Interferon，治療肝炎），所投資的一項重大生物製藥技術，開啟台灣大規模基因蛋白表達工程的先河，意義深遠。唐誠生技將循健亞和神農公司往例，爭取行政院開發基金 30%股權。

▍生技道上台灣有什麼之六，基因研究

台灣投入基因研究已有多年歷史，在肝炎等方面據悉有相當收成，主要是在學術界，例如台大和陽明大學。台大教授也依研究心得成立了「台一」基因技術公司。基因體研究已提升為國家型研究計畫，加上中研院近來推動的基因體研究中心，台灣隱然已具「基因圖譜」（Genomics）的研究原型。再加上中研院的「功能基因」的開創，台灣的尖端科技就已向「病理基因檢測」、「藥物研發」和「個人化醫療」邁進了一步。

　　根據最新的推測，人體約有三萬三千個基因，絕大部分是「結構性」，約有不到10%的「功能性」基因及其相關的分泌性蛋白質，約三千個最具研究價值，尤其在提供病理基因方面的訊息，供開發新藥的研究。據悉，其中的一千個已被專利。事實上，有些專家認為真正有研發價值而前所未見的基因及相關蛋白，大概不超過二百五十個，但是這些優越的少數就足夠幾十家大藥廠研究發展幾十年了，好基因好蛋白不求多，只求有價值有效用。

　　台灣基因研發的賣點在於亞洲人的特有疾病。另外，人類基因體的三十億鹼基對中，只有0.1%（三百萬）的不同，就把不同人種和體質完全分開區隔，可以說是「一樣米飼百種人」，這是「單核甘酸多樣性」（SNP），從這個立足點而開闢出一門新的學問叫做「藥理基因」（Pharmacogenomics），對藥物臨床開發和未來的「個人化醫療」影響深遠。

▌我國醫藥生物科技發展之隱憂有幾點

㈠缺乏人文哲學基礎

　　近年來，世界上的進步國家皆提倡科技之發展，且預言生物科技將是繼電腦科技成為21世紀之科技發展主流，我國的產官學界也不落人後，皆相繼投入大筆之資金和人力，在這個發展的過程中，很少人探究生物科技之哲學方面的內涵，很少人注意到我國生物科技發展之人文哲學基礎是什麼？甚至無人曾認真的思考，到底生物科技將把人類的文明帶往至什麼境界？幾乎只是以一種追求時尚的膚淺和虛榮的心態進入生物科技發展的領域，一

味追求技術層面的突破和新產品的開發。因此，常見的現象是大家只關心市場競爭和產品之占有率的問題，甚至想盡各種辦法，以誘導人的思想和行為，達到其控制科技發展之終極目標。

可預見的是，台灣科技愈進步將對社會產生愈大的負面衝擊，這種欠缺哲學和倫理與文化作為基礎之生物技術發展，是危險的。

㈠缺乏系統化整合機構

一個國家生物科技產業的實力，代表該國從實驗室的研發、商品化，和得到國際認證的綜合能力。長久以來，我們的醫藥生物科技，一直缺乏明確的策略性及目標導向性的研發標的；且我們的產官學界無論是遠見、自信心和國際觀皆不足，各行其事的行政、膚淺的研究，和專業性不足的決策，皆是造成我國至今無論在軟硬體都尚未整合成功的原因，例如台灣至今尚無一為國際所承認的認證體系存在，以至於我國醫藥研發之商品化和國際化困難重重。最近衛生署藥政處積極推動優良實驗室的設立、國家衛生院的設立、生技開發中心的改組等，皆朝向整合我國醫藥各方面的發展而努力。希望產官學界皆能以開闊的胸襟，速速研討出一周全的策略，以預防我國在加入世界貿易組織（WTO）後，對我們尚未茁壯之醫藥生物科技產業之直接衝擊。

㈡缺乏自主性的醫藥生物科技產業

嚴格的說，我國至今尚無自主性的醫藥生物科技產業；幾乎現存的醫藥生物科技產業的技術秘訣（know-how）皆掌握在外國企業手中。幾十年來，我國每年四、五千億的醫療支出，至今沒

有培養出一個國際性的醫藥生物科技企業，台灣反而淪落至名副其實成為了世界各國醫藥新產品的「試驗場」。這真是台灣醫療業界每一個份子的恥辱。最令人痛心的是醫界精英的墮落，他們不再有理想，汲汲營營攀附權貴，寧願成為企業家「理念」的實踐者，而忘了行醫的崇高志向；他們寧願為了五斗米折腰，而忘了知識份子的責任；他們一味挾洋自重以損國人之志。因此，欲建立我國自主性的醫藥生物科技產業，首先必須從醫界精英的「心」改造起，希望當權者皆能平心靜氣的自問，為了下一代國人的健康和達到「醫藥衛生大國」的境界，我們到底做對否？

　　「生物科技」與人類生活息息相關的，需要有人文的內涵；「生物科技」與人類健康有關的，則是一種藝術的意境。因此，「生物科技」政策的制定和生技發展和應用，皆應瞭解改善人類的生活和保有大自然生活環境是同等的重要；與醫藥相關的課題則應多方的傾聽基層醫藥界的心聲，並能徹底瞭解我國醫學本土化的癥結所在，由下而上的整合，方能造成醫療界共贏局面，並從此奠定我國醫藥生物科技產業的根基，達到「生物科技大國」的目標。

▍台灣區目前生技產業發展趨勢

　　新成立生技公司產品項目動向：1997～2001/2 生技公司 65 家，未登記 350 家。趕熱潮名稱均加「生物科技」字眼，以產品歸類：生技服務（9 家）、農業生技（4 家）、生技藥品（12 家）、特用化學品（7 家）、生物晶片（5 家）、醫療檢驗劑（9 家）、環保生技（3 家）、創投業務（6 家），其資本額一百六十五億五千萬，可說是耗資大手筆，另有以下幾項特徵。

(一)趕熱潮的盲目投資

　　未經過行銷通路、市場、競爭、技術、後續服務、研發、資金、過度迷信高科技、媒體誤導、風險評估。例：生物晶片廠家投資很多是盲目。基因體——「轟動武林，驚動萬教」的大幅報導，導致盲目跟進的發生，加上「媒體焦點、異常風光」榮陽團隊參加第四號染色體鹼基定序，有很好的發展，目前「國家基因體中心」設在中央研究院，以其可表現之功能基因（functional gene）：控制人類生長、發育、遺傳、行為及疾病等生理現象及生化反應；大規模篩選並監測基因的表現如：cDNA microarray 基因微陣列，Serial analysis of gene expression 基因聯結序列分析法，DNA chip 生物晶片，更增加繪聲繪影此方面的聲勢。

(二)技術導向型

1. 出錢老闆摸不清哪一項值得投資，尤其人人高喊生技掛帥，卻不知錢投向何方。
2. 有技術；無考量量產、行銷、後續研發規劃完整。
3. 頭痛醫頭，腳痛醫腳則流於一時之方。

(三)參考國外趨勢，選擇發展潛力項目

　　醫療檢驗劑及儀器開發—血栓溶解劑、血液製劑、蛋白質藥物、單株抗體、生技原料藥、疫苗，這些目前在生技市場都相當熱門。加上有些短期獲利產品，支持長期產品研發，來繼續發展

有潛力的商機。

㈣謹慎評估的務實型

忽略市場競爭、行銷層面，若能加強社會行銷則更能達到短期致富的目的。

㈤傳統產業投資生技領域

1. 食品業：如台灣卜蜂「分子生物與遺傳工程生技中心」、統一生命科技公司。
2. 製藥業：如永信之降血脂藥物與血液製劑、生達化學之降血脂藥、中化製藥研發生技蛋白。
3. 特用化學品：如和茂創投——（三十五億）賽亞基因科技公司從事基因體研發工作；三晃油墨進行動物疫苗生產。
4. 紡織、造紙、橡膠等化工業：如台塑集團成立長庚生技、宏力生物技術公司進行中草藥、抗生素、玉米澱粉生物分解性塑膠；永豐餘、統一企業、東帝士合組「安華生技公司」；和信集團成立「synpac 公司」。
5. 營建業：如太子建設與統一集團共同投資生技產業；淞富建設進入幾丁質生技產品領域。
6. 其他：如太平洋集團成立太電創投跨入生技、醫藥領域。優美公司生產環保用生物製劑；興達投資醫療器材；中國力霸與陽明大學合作；中美實業生產胡蘿蔔素。
7. 國營企業：如台肥研發原料藥、生物性農藥、植物生長調節劑，並與 PBM 公司合作生產檢驗試劑、台糖公司之冬蟲夏

草；台鹽公司之膠原蛋白生產且研發農業及環保用微生物製
劑。

8.行政院開發基金參與台灣生技投資計畫：開發基金三十六億
六千萬元。健亞生物科技開發新藥如紫杉醇及檢驗試劑；聯
亞生技公司研發豬口蹄疫病毒疫苗及檢驗試劑，血液篩選用
檢驗試劑及前列腺疫苗（1998 年獲得開發基金七億元）。國
光生技公司之人用疫苗與基因代工業局五億一千二百萬）。
這些新舊公司的投入與轉型都顯示出台灣生技的願景不容忽
視。將無形知識如何轉成有型資產：如(1)發展遺傳醫藥的蛋
白質體學。(2)治療華人疾病之生技產業。(3)仿照台積電代工
模式推動生技產業。且在利基點之人力、資金、商場情報、
行銷、投資環境、政府政策、技術上並與 1980 年日本新生技
產業做一評估，目前台灣有類似的優勢。

▎台美生物科技計畫及其他國際夥伴關係

　　所以如何串聯中小企業成一股有形力量提升生技產業，將資
訊變鈔票的浪漫幻想能繼「綠色的島」的願景，新政府執政以來
就已積極籌劃，形成一股力量提升台灣生技產業。將台灣的生物
科技工業在北、中、東、南各生技園區建立起來。90 年 9 月中
旬，在美國波斯頓 MIT 舉行的「台美經貿會議」（US-ROC Busi-
ness Council），陳水扁已應邀做衛星電視演講，並接受訪問。這
是近年來台灣最特殊的一項科技會議，意義格外重大，因而這次
經貿會議已被稱為「台美生物科技計畫」的創始（US-Taiwan Bio-
technology Initiative）。

　　台灣加入 WTO，企業裸露在全球化自由市場經濟體系下，在

台灣本土發展生物科技，必然走入國際路線（Globolization）。台美生技夥伴關係亟待建立和鞏固，在這方面台灣近年來相當積極，已和總部設在華府的 BIO（Biotechnology Industry Organization）非常親近。台灣在 BIO 1999 年（西雅圖）、BIO 2000 年（波斯頓）、2001 年 4 月 BIO-Asia（夏威夷）、和 6 月的 BIO 2001 年大會（聖地牙哥），均透過美國在台協會（AIT）商務組的協調，積極參與，充分顯露旺盛的企圖心和組織力。非常巧妙，BIO 2001 年會議的主題是「生命的夥伴關係」（Partnering for Life）。

這次由經濟部工業局率領的產官學二十人代表團，將先參訪美東五工業州，於 9 月中在波斯頓和台美經貿會議年會會合。未來 5 年，政府將每年投入三億美元於生物科技研發，台灣創投公司也已經集資近四十億美元，準備跟進。這次科技經貿會將審慎評估，以台灣的實力和潛力，要如何和美國配合，在科技夥伴中各得最大利益。繼半導體相關產業的成就，台灣是否能在生物科技研發和工業占有一席之地，端看台灣是否能夠善用資源、發揮長處、和補足短處。

美國之所以很積極和台灣建立生技夥伴關係，是有其著眼點的。首先，美國替他們本土生技工業尋找更廣闊和長遠的市場，並建立在亞洲的研發連線。第二，他們看上台灣雄厚的創投資金，台灣創投靈活度在亞洲位居前茅，優於日本。第三，希望台灣能在亞洲人種基因體和生物多樣性（Biodiversity）方面能有所貢獻。如此，台灣如果在亞洲善盡夥伴角色的任務，在病理基因檢測（Dignostics）和藥物研發（Therapeutics）兩方面，對美國的生技工業在亞洲的發展是很有幫助的，結局是雙贏的。或許他們是把台灣看做是進軍東亞和南亞生技市場的最佳跳板，在這層意

義上，法國生技界對台灣也有相同的評估。因此，在生技道上，台灣怎可妄自菲薄。

其實，不止產官界，學研界也積極和國際生技先進洽談合作事宜。5 月間，奧地利「維也納生物科技中心」到台灣訪問，與中研院和工研院會談。6 月，中研院和國科會高階人員也到日本生技界參訪。

由以上熱絡的生技活動可以看出，台灣生物科技工業的建立有賴於國際合作的夥伴關係。如此，才能將尖端基礎研究（包括人群基因體和功能基因）、中間研發、和下游的產業製造連貫起來。也唯有如此，國科會和經建會所規劃的台北、竹北、竹南、台中、台南、和花蓮生技園區的聚落，才有目標和方向可循，才有著力點。

關於根的問題，回顧半導體製造業成長衰退的歷史，或許有助於「生物科技的根」的思考。2001 年 3 月，中研院院長李遠哲在「台灣醫學週 2000 台灣聯合醫學會學術會」中，以「廿一世紀科學發展與人類命運」為題發表演講，曾說：「當我們談到中國投資時，就說產業外移要根留台灣，但是，台灣只製造業，沒有電子工業，台灣在這方面沒有留下根」；「許多微電子工業，即便是做電腦的，也只是高級製造業，晶圓代工也是一樣」。他強調，如此之根留在台灣，根會爛，除非我們長自己的根，才不怕說根留台灣不可能實現；換言之，我們不是從海外引進技術回來變成製造業，然後一個個的跑了，沒有根不能長久維持下去。

很明顯，台灣企業的問題主要並非出走或走出去的問題，而是「如何也留下做研發，以何皎好面貌走出去」的問題。至於生物科技，也不是資金短缺或往國外的投資的問題，而是根的問題，是如何尋根、定根的問題，更是「本土化和國際化兼備」的

問題。資金，依目前官方和民間既有的水準而言，應不致短缺。官方和民間對於生物科技的創投資金，包括統一（大統業生技）、台塑、中鋼在內，合起來也有好幾十億美元。錢，不是問題。其他還有許許多多的創投公司，包括中國商業銀行、中華開發、台灣工業銀行、誠信、美元、奇美、世界、生鑫、合力、新光、華邦、國泰、泰安、台鹽、台肥、台糖，以及其他大大小小創投。許多創投公司事實上也代理政府的投資資金，公私則很難細分。中華開發銀行就有一點一億美金生技投資基金，該行一位高級人員曾說：「錢多得是，但沒有 R & D 好目標，可供生技投資，因此所有的錢都投資到國外」，包括美國、加拿大、和以色列。如此創投立論，印證了行政院負責生技的政務委員蔡清彥的說法，亦即國內的創投業資金多半投資在美國各種規模的生技公司，最重要的原因是國內生技公司還沒有具體的案子出現。另外，統一創投已投資了接近二億美元於生技製藥，主要投資在國外，為台灣迄今最大投資手筆。問題是，什麼才是創投業者心目中的好目標？實是目前大家都要正視的局勢與問題。

第三章

DNA 技術

㈠何謂 DNA

　　DNA 全名為去氧核醣核酸（Deoxyribonucleic Acid）是存在於所有生物（含動植物）細胞之染色體上的雙股螺旋狀遺傳因子。此遺傳因子之表現在任一生物個體均不完全相同，但基本上仍延續某部分遺傳特性。人類透過對 DNA 之研究分析，可進一步瞭解生物遺傳之特性，進而以科學之方式改變（良）遺傳學上之瑕疵，以達創造完美物種之目的。

㈡ DNA 與基因治療

　　自從 1990 年美國 Blaese 博士及其團隊成功地將正常的 ADA（adenosine deaminase）基因植入病人的淋巴球，完成基因治療的首例後，近十幾年來，基因治療的發展，主要在測試及改進治療的技術，使殖入的基因能發揮最大的功效，以達到治癒病人的目標。所謂「基因治療」（Gene therapy）簡單地說，係藉由修改人類的基因表現以達到治療的目的。亦即，當基因被破壞，人因此而產生疾病時，此時若修復它或補充正常的基因，則可藉由基因的替換或更新，而達到治療疾病。基因治療過程中需透過一載體，將外界的正常基因或治療基因傳送到人體的標的細胞，以進行基因修飾，因此基因療法可定義為「利用遺傳工程技術將基因送入病人體內以治療疾病的醫療行為」。換言之，基因治療就是將外源基因 DNA 或 RNA 片斷引入標的細胞（Target cell）或組織中，以修正或修補基因的缺陷，關閉或抑制表現異常的基因，而達到治療疾病的目的。即是**修補壞基因，換上好基因**。

人類基因治療（Gene Therapy in Human）

　　提供人類健康基因以取代缺損基因：包括糖尿病及 AIDS 等。美國是全球最早發展基因治療的國家，目前也是基因治療產品及相關專利最多的國家，其技術遙遙領先其他國家。而在國內，由中研院生農所楊寧蓀所長於民國 89 年，結合國內外專家學者，籌組了「中華基因治療及疫苗協會（CAGTAV）」，致力於基因治療及基因轉殖技術之研發及推廣，國內參與基因治療研究的有台大、榮總、三總、長庚、新光、慈濟等醫學中心。另外，國家衛生研究院、中央研究院等機構，亦有相關研究計畫。基因治療之先進技術，無論在科學研究或市場機會均蘊涵深厚實力，目前全球已有 3,000 餘人接受基因治療的試驗。在國際上，於癌症、心血管疾病、糖尿病、B 型肝炎、高血壓、關節炎等（癌症及遺傳性疾病占八成以上）之治療技術研究居多，其研發成果有目共睹，也都陸續進入人體試驗。在比較有名的案例中，如由費雪博士（Dr. Alain Fischer）利用基因改良的基因療法成功治療兩名男嬰罹患「嚴重多項免疫不全症（Severe Combined Immunodeficiency, SCID）」，又名「多黏性寶寶」或「氣泡寶寶（bubble boy）」的症狀。而國內新光醫院也已於 2000 年獲得衛生署許可，對心血管疾病之慢性急性下肢缺血的病人進行基因治療的人體試驗。自從 1990 年第一個基因治療的人體試驗至今已十餘年，基因治療的技術仍然有安全性、穩定性、免疫性等問題。2003 年 4 月，人類基因圖譜已完全定序完成，DNA 時代已確定來臨。隨著載體及基因遺傳相關技術的不斷創新及改進，有許多基因轉殖的治療方式在安全性上已獲得如 RAC 的認可，各基因治療公司也積極開發新產品或新療法，預計在未來的 5 至 10 年將有突破性的發展。根

據最新的醫療報導,基因治療的範圍已蓋括愈來愈廣的層面,包括治療癌症、高血壓、心絞痛、血管疾病、多黏性寶寶免疫系統等,在實驗上都獲得正面的結果。

㈡ DNA 保存

1. 何謂「DNA 保存」

　　DNA 保存是基於未來基因治療將日漸進步、普及的現象,先行將基因、DNA 做保留的動作,以便日後若有醫療上的需求,可利用當初保留較純淨的 DNA 來進行基因治療,來達到所欲追求之醫療目的。運用分子生物科學技術,將個人的基因組 DNA,經特殊保存技術處理後以低溫保存,以維持其理化性質的高度穩定性。除此之外,還能在常溫常態下長期保存。

2.「DNA 保存」的意義及目的

　　隨著生物科技進步,人類基因圖譜定序的完成,基因檢測與基因治療的技術將日行千里,DNA 時代已經來臨。「DNA 保存」最主要的意義來自於預防醫療方面的功能。將新生兒原始且尚未受到如藥物、放射線、水及空氣污染等環境影響而產生病變的 DNA 冷凍保存下來,在不久的未來,可將之用於作為基因治療之用。將擷取下來的 DNA 經特殊保存技術處理後以低溫保存,甚至能在常溫常態下長期保存,而不受損傷。所保存下來之 DNA 在未來基因治療技術進步後,可利用 DNA 複製、取代、修復等過程或技術,將疾病消弭於無形。「DNA 保存」在遺傳醫療方面亦有其功能。除可做遺傳病理分析、遺傳史分析外,尚能在遺傳

病的基因治療上獲致良好的結果。人類的醫療方式與結果將因
DNA 保存與基因治療的存在與演進而改變。

3.「DNA 保存」的方式

「DNA 保存」的方式是以 DNA 無菌採樣採集個人口腔黏膜
細胞後，經分子生物實驗室，使用分子生物技術，將口腔黏膜之
DNA 檢體做特殊處理，以長久穩定保存於實驗室中。即使是在室
溫狀態下，保守估計可於固態基質下保存百年以上，而在液態基
質下壽命亦可達五十年以上。

4.基因治療案例

(1)中研院完成改造肥胖基因人體細胞實驗

中央研究院分子生物研究所舉行「2002 年生技醫藥技術交易
促進會」，科技移轉專員及分生所研究員繼 2 年前完成基因治療
肥胖的動物實驗後，最近又完成人類脂肪細胞的實驗，結果非常
令人滿意，如今已拿到美國專利，廠商也對這項實驗抱持高度興
趣。人類在十七、十八歲時代謝率很快，很少有胖子，但到了中
年三十多歲以後，代謝率變慢，逐漸開始發胖，再加上少運動的
話，肥胖速度更快。所以如果能控制恢復年輕時的高代謝率即可
擁有苗條的身材，相對的許多因為肥胖而罹患的疾病也可以因此
而消失。中研院已經在 2 年前成功完成動物實驗，而且發表過研
究成果，2001 年拿到美國的專利，此後更進一步以人體的脂肪細
胞進行實驗，效果令人振奮，這項技術如果順利轉化為產品，未
來就有可能隨意控制肥胖，而且不會影響其他器官的正常功能，
這項新技術正在申請各主要國家的專利。

(2)基因療法增強心絞痛病患的心臟功能

最新試驗報告顯示，把一種基因注入心絞痛病患的心臟，會刺激生長新的血管，繞過原來受到阻塞的血管。根據多倫多聖麥可醫院心臟科主任史都德在芝加哥美國心臟協會年會上發表的報告，七十一名患有嚴重狹心症的病患當中，三十六名接受這項試驗療法 6 個月後，運動時間平均增加了 28%；其中有三分之一的病患運動時間還延長到 3 分鐘以上。其他三十五名為接受基因治療的病患照舊接受藥物治療，但是運動能力改善不顯著。

5.注入抑制基因可殺癌細胞

國內基因治療研究出現重大突破，高雄長庚醫院和高雄榮總所組成基因治療研究團隊，經過長達 3 年研究，發現部分癌症患者體內腫瘤抑制基因出現缺陷或突變，將異常細胞所缺乏基因，利用病毒或脂肪體輸入，可破壞腫瘤提高患者生存率，為肺癌、肝癌或腦瘤患者增加一線生機，預計 3 年內可臨床運用。該團隊蒐集癌症患者接受手術治療後，所割除腫瘤進行研究，至今已超過三百例並據以成立腫瘤資料庫（Tumor Bank）。基因治療研究團隊指出，該研究目前雖停留在動物實驗階段，但因國內需求相當殷切，尤其肺癌和肝癌已高居台灣癌症死亡原因前兩位，預計 3 年內應可實際臨床運用。

※新加坡研究基因治療末期癌症有新療法

新加坡國立癌症中心正研究如何通過更安全的基因治療法，也就是採用更有效的載體，加強基因治療的抗癌療效，來消滅癌症細胞，並同時又避開了以病毒為載體的基因療法的危險性。這項研究為末期癌症的新療法帶來曙光。新加坡國立癌症中心細胞與分子研究總監許錦文教授說，新療法的特點在於它採用更有效

的載體，這個作為傳遞工具的載體，是改良後的脂質（lipis）。脂質是與細胞膜同屬一組的化學物質。以脂質作為基因療法的載體，他的研究雖不是開先例，但他改良後的脂質，卻能把基因表達的效果提高三到五倍。表達效果愈好，就表示消滅癌細胞的效果更好。他相信，採用這種新療法，能加強基因治療的抗癌療效，能在 1 個月或更短的時間內，把原本五公分大的癌細胞，縮小到一公分。

㈣基因治療成功給予多黏性寶寶正常免疫系統

　　根據報導，一組法國研究人員利用基因改良的骨髓幹細胞（stem cells）移植法，順利的治癒了兩名罹患「嚴重多項免疫不全症（Severe Combined Immunodeficiency, SCID）」，名多黏性寶寶或「氣泡」寶寶（bubble boy）男嬰的症狀。率領法國研究小組的費雪博士（Dr. Alain Fischer），是由患病的兩位男嬰分別在 8 個月和 11 個月大的時候，由他們體內抽取少量的骨髓幹細胞，一方面大量繁衍細胞，另一方面使用病毒載具（Virus Vector）植入患者所需的基因「Gamma-C Cytokine receptor Subunit」。完成之後，改良過的幹細胞便直接植入患病男嬰的體內。在經過短短的 15 天後，患者體內便開始製造正常免疫細胞和化學物質，而在 3 個月內，致命的嚴重多項免疫不全症便完全治癒。

㈤台灣首例血管疾病基因治療開始進入人體實驗

　　利用血管生長因子治療心臟血管疾病的基因療法，在動物模式與人類臨床治療上，其療效性及安全性都已被認定。台北新光

醫院經過 2 年多的努力，終於獲得衛生署同意可以開始進行國內首次心臟血管疾病基因治療的人體試驗，而這個為期 3 年的實驗計畫，參與實驗的對象共二十六人，使得台灣臨床基因治療水準急起直追歐美先進國家。

(六)高血壓基因治療獲突破

中國華中科技大學同濟醫院在高血壓基因治療動物實驗方面日前獲得成功。專家認為，這表示中國在高血壓治療基礎研究方面取得重大突破。據課題負責人同濟醫院心血管內科教授汪道文介紹，高血壓的基因治療被列為國家「八六三計畫」項目。在中國，成年人的高血壓發病率高達 12%，且以每年 2.5%的速度遞增。同濟醫院的專家發現，將一種叫人組織型激釋放（HK）的基因，經靜脈注入鼠體內，2 星期後其血壓明顯下降。十八隻患高血壓的大白鼠，在同濟醫院的實驗室因此痊癒。研究還發現，這種基因治療方法不僅能降壓，還能逆轉高血壓引起的心肌肥厚、心肌結構紊亂、血管硬化等，並可改善腎功能。汪道文說，如果順利，3 年後此治療方法將會應用於人體實驗。

(七)基因新技術帶來治療遺傳疾病希望

依據 BIO. COM 的報導，美國愛荷華州州立大學，內科醫學教授戴維森（Beverly Davidson）與其研究團隊表明，成功地將基因療法與基因沉寂技術結合，並讓老鼠的腦部與肝臟中的某些特定基因的表現量減少。運用此種療法，將可以減少感染肝炎病毒所需要的蛋白質，進而達到減少病毒數量的目的。此外，這項技

術也可被使用在減少某些遺傳疾病的不正常基因的蛋白質製造量，讓包括脊髓小腦運動失調，以及杭庭頓氏舞蹈症等，都有治癒的希望。

(八)科技競賽

　　加拿大、香港與台灣率先破解病毒碼疫苗研發將掀起全球生技產業大決戰。「病毒基因解碼非常重要，如此才可瞭解病毒如何複製、如何感染人體細胞，並據此研發治療藥物和疫苗。」台大醫學院生化暨分生研究所所長張明富表示。不過，早在台大團隊之前，加拿大就已宣布破解 SARS 病毒基因碼；香港科學家則是第一支成功在顯微鏡下觀察到冠狀病毒的團隊。香港科學家袁國勇在接受媒體訪問時表示，由於香港大學首先發現冠狀病毒，他們將申請專利，未來所有SARS的診斷試劑、新藥或疫苗開發，都可申請支付專利費。

　　不過加拿大則很不服氣，也說要爭取 SARS 基因碼的專利申請。香港及加拿大研究團隊的大動作雖有爭議，但卻引發各國爭相投入研究。中國大陸的科學家也在隨後宣布破解 SARS 病毒基因序列，並預計在 8 個月內研發出對抗 SARS 的疫苗。從 92 年 2 月起，橫掃全球近二十八個國家的 SARS 病毒，短短 3 個月內，又演變成另一場全球科學家及生技產業的大決戰。同步起跑，全球共享人類基因，排序圖譜，從三十億序列碼中找個人化醫療商機，「未來將可運用圖譜，進入尋找新的基因治療方式、開發檢測工具與個人化藥物。」這將會是預防醫學一個全新的時代。在人類共有三十幾億個原始序列碼中，其中人跟人之間的差異大約在 1‰。

　　陳奕雄指出，每個人的體質不同，對疾病的抵抗力、用藥的有效性，甚至臨床症狀也不盡相同。造成這種現象的原因，就是每個人的「基因」不同。人類基因解碼後，發現人與人之間DNA差異約有1‰，每個人的DNA不一樣，所以外貌、體質不同，適用藥物也不同。基因解碼之後，就提供了「量化」基因差異的技術基礎。換言之，誰能快速並精準地找出特定基因正確的功能或是致病的基因，誰將引領人類邁向一個「個人化醫療的時代」！

⑼親子血緣鑑定

　　DNA親子血緣鑑定測試與傳統的血液測試有很大的不同。它可以在不同的檢體上進行測試，包括血液、口腔黏膜細胞、組織細胞和精液。除了同卵雙胞胎外，每人的 DNA 類型是獨一無二的；由於它是這樣的獨特，故用於親子血緣鑑定，是最為準確的方法。且理論上，人類除了成熟的紅血球細胞沒有細胞核，因此沒有染色體 DNA 外，全身每一組織都可以作為 DNA 鑑定的檢體。而血型和 DNA 特徵是具有高度遺傳特性的標記。每一個人接受父母各提供一半的遺傳特性，因此可以由血型或 DNA 特徵判別親子血緣關係。因為 DNA 特徵的區別率較血型分析高出非常多（以目前使用的 DNA STR 分析系統十三個基因為例，其區別率高達 10～17），且 DNA 親子血緣鑑定測試並無年齡限制。傳統的血型測試需要小孩至少 6 個月大，而且需要較多的血液樣本，通常至少需 5c.c.以上。這種方法應用於小孩身上較為困難。但 DNA 親子血緣鑑定只需要很少幾滴的血液（不到 1c.c.），或是口腔抹拭所得的黏膜細胞。這種僅用少量的血液或口腔細胞即可進行測試的便利性，使 DNA 血緣鑑定甚至可以在新生兒或小

孩身上進行。

　　由於 DNA 是形成於精卵結合期，因此測試甚至可以在小孩未出世之前，使用（Chorionic villi Sampling/CVS）絨毛膜取樣或羊水取樣（amniocentesis）等方法來進行。親子血緣鑑定亦可以從已逝世的人身上採集的樣本來進行。當一個人已辭世或失蹤，還可以從其有血緣關係的親屬上重新編排他或她的 DNA 型態。而 DNA 採樣除了採取血液進行測試外，另一變通辦法是一種叫口腔黏膜細胞採樣（oral swab）的樣本蒐集方法。由於DNA存在於身體內每個細胞之中，使用此方法蒐集的樣本而得出的試驗結果其準確性和血液樣本一樣。採樣者以無菌刷在小孩口腔黏膜上輕輕抹拭，DNA便可從無菌刷上所沾附的黏膜細胞中取得；這種程序是非侵入性且無痛，最適用於小孩。DNA是從血液、口腔黏膜細胞或培養的組織細胞中抽取純化而來。經特殊分子生物學的方法，解析個人之 DNA 型態，透過與電腦連結之定序儀器進行DNA 型態的判定與解讀，以確保結果之精準確實。自取得檢體後，大約五個工作天內即可以完成 DNA 鑑定。

　　一般 DNA 鑑定報告上會載明某一個基因的基因型，以 DNA STR 分析系統為例，若某甲的 D3S1358 基因型為 15/16；則其子女的 D3S1358 基因型中出現 15 或 16 時即判為「不矛盾」，而其子女的 D3S1358 基因型中未出現 15 或 16 時即判為「矛盾」；全部基因的基因型綜合研判後，計算出機率，才是完整的鑑定報告。

㈩ DNA 防偽生物晶片

　　全球第一枚 DNA 防偽晶片在台誕生。博微生物科技股份有限公司率先發表獨步全球的 DNA 防偽晶片，這項技術及產品可

有效將具有獨一無二特性的DNA，結合輕薄短小的晶片，應用於
防偽防盜及反仿冒領域。由於百分之百無法仿冒，加上可以立即
辨識，DNA防偽晶片成功問世，是高科技世界防止機密外洩的最
高門檻，也標示著人類終極防偽技術時代的來臨。繼2000年成功
開發DNA防偽技術後，再度推出獨步全球的DNA防偽晶片，讓
人類防偽技術再度向前推進。經過技術開發單位及廠商的通力合
作，即使用數萬倍的紫外線曝曬到護膜燒焦，DNA 防偽依然有
效。由於辨識技術已臻成熟，DNA防偽晶片不但可以立即辨識、
一次搞定，有效避免鑑識的繁瑣與缺失，加上它輕薄短小，大至
企業的金櫃、電腦，小至個人手機、PDA、金融卡等各類商品
……，甚至公家單位核發的各式證照（身分證、護照、車牌……）
等都可使用。與原有防偽機制及技術（指紋、掌紋、聲紋、眼角
膜、IC 晶片、磁性條碼、雷射標籤、特殊波長……等）相較，
DNA防偽晶片有以下四大優點：

1. 節省人力：透過 DNA 自動辨識系統，可有效避免現有繁
   瑣的檢驗過程，徹底排除使用者疏失。
2. 節省物力：無污染、用量極微，可搭配現有辨識系統，降
   低成本。
3. 節省時間：立即辨識，大量縮減使用者時間。
4. 無法仿冒：特殊設計，結合造物者的神奇門檻；無法複製，
   一經剝落，立即失效，是真正無法仿冒的終極防偽武器。
   所獲利的金額，每年即高達二十億美元以上。台灣隨著產
   業及消費結構的轉變，手機盜拷日益嚴重，未來手機……
   等互連上網相關資訊產品，被盜用情形將更加普遍，所可
   能造成的嚴重損失不難預見。令人不安的是，傳統的偽造
   商品並沒有銷聲匿跡的態勢，也因為如此，全球正當經營

的商家莫不殷切期望能有突破性的防偽武器，以有效減少品牌廠商的損失與消費者的風險。

全世界科學應用學界莫不殫精竭慮，謀思如何為人類的防偽貢獻心力，因此近年來各種防偽辨識技巧紛紛出爐，IC卡防偽晶片也已成功問世，中國大陸更積極規劃防偽稅控系統；不過種種方式及門檻，都沒有像 DNA 防偽晶片一樣，直接進入高階防偽的精準與效率。DNA 防偽晶片防偽效果優於 IC 卡晶片，主要原因在於 IC 卡晶片無法保障解碼方法不被突破，而 DNA 防偽晶片利用大自然的天然密碼，將 DNA 與晶片結合，既可立即辨識又無法仿冒，與 IC 晶片相較，沒有人工辨識與解碼仿造的潛在危機。DNA防偽晶片是防止機密外洩及反仿冒最上游的思考，可有效節省人力（辨識簡易）、物力（輕薄短小、取之於自然）及時間（生產流程快速）。在晶片製造商、DNA研發廠商，以及應用廠商三層高科技技術控管下，DNA防偽晶片可以做到百分之百防止再製、複製及偽製，實不失為 21 世紀的仿冒品終極剋星。

結論

人類為何要去研究 DNA，去解開 DNA 的排列碼。在解開DNA的排列碼後對人類的生活有何影響，對人類又有何幫助。相信 DNA 排列碼的破解與人類與動物的生物科技有著必要性的關聯性，並藉由 DNA 排列碼的破解，以幫助研發人類無法治療的疾病如癌症……等等的新藥物，如先前所搜尋到的資訊，人類的黑死病及新爆發的 SARS，對人類的生活及生命皆有著重大的影響，如能夠藉由 DNA 研發出治療藥物，對許多病患可說是一大福音。而 DNA 的辨識技術，更是一項重要且創新的專業技術。

在 DNA 辨識的運用上可是相當廣闊的，對人類的幫助也是相當
的大，不光是血親鑑定、疾病的治療，且在許多重大刑案中，
DNA的鑑定與辨識對整個案件的影響性與重要性對日後幫助破案
可謂是占有一席之地的重要。而在台灣的生物科技其實並不落後
於其他先進國家，而對 DNA 的研究發展也可謂是有所成就，尤
其是防偽生物晶片，在這個仿冒充斥於整個社會中，真正有效的
防治方法始終無法研發出來，而全球在仿冒品的充斥下所損失的
金額也以達到謂為天價的地步了。在台灣第一個研發出 DNA 防
偽生物晶片後，對全球生物科技可說是一個重大的突破，更提升
了台灣在全球科技發展的地位與重要性。相信日後，在經由更多
專業人員的研究與開發，必定能有更好更貼近人心的創新發明及
突破，以造福更多有需要的人。

　　DNA的重要性可說是愈來愈重要，與其相關的研究發展更是
日新月異。但對於 DNA 的瞭解，大多數的人仍停留在基因辨識
與鑑定。其實，DNA的用途相當的廣闊，希望在藉由研究與報導
下，可以有更多的人能夠瞭解並有效的運用 DNA 這個與人從出
生即息息相關的一項重要訊息。

第四章

環境生物技術與復育工作的推展

▌環境生物技術（environmental biotechnology）

就是應用在環境保護，包括生態保育與污染防治上之生物技術。生物技術在環境保護之應用領域，主要包括：(1)管末（end-of-pipe）處理技術；(2)廢棄物再生利用技術，以轉換廢棄物成為有用的資源；(3)新材料開發，以減輕對環境衝擊與負荷及(4)新的生物生產製程技術，減少廢棄物產生與資源之有效利用等。

▌「易分解、可食用餐具—有環保概念」

「生物分解性塑膠與餐具」，「生物分解性塑膠」是指在土壤中很容易被微生物「吃掉」的產品，由於傳統塑膠袋容易引起環保問題，科學家就發明出容易分解的塑膠來替代。例如改變傳統塑膠原料配方，直接培養細菌取得（有如養蠶吐絲一樣），以利用澱粉原料來製造等，製造過程卻是與可食用的冰淇淋大不相同。

一個用過即丟的塑膠袋，在土壤中卻必須經過至少 100 年才能分解。若每個人一天平均用 3 至 5 個塑膠袋，每天全世界所丟棄的廢棄塑膠袋就高達上百億個。不易分解的物質累積在地球上，可說是一種嚴重破壞生態環境的「白色污染」。

這類產品主要是以玉米或小麥為原料，再添加部分傳統塑膠成分，先製成一粒粒的塑膠粒，然後依照不同的產品型態，製成薄膜、碗盤或是袋子等。價格比一般塑膠袋貴很多，未被大家接受。隨著製造技術的進步，生產成本已經降低很多，最近更出現以百分之百小麥粉所做成的碗，可直接食用。

「生物分解性塑膠」應用範圍很廣，如保鮮膜、尿片、垃圾袋、醫療用器材（手套、手術用線等）、培養植物用的育苗杯以及各型餐具（湯匙、叉子、筷子）等，產品能耐熱，盛裝熱的食品也沒問題，若埋在土裡，最多 3 個月即可分解，完全沒有環境污染的煩惱。

生物技術與污染防治

用遺傳工程法塑造出新型微生物，分解毒性物質；大量培養微生物，再放回自然界、廢水處理場，使喪失的自然淨化功能恢復。廢物可解釋為是被我們拋棄的任何產品，污染是通過添加在當地原來不存在的物質（或熱）而造成該地區環境質量的降低。空氣污染是：一氧化碳 45%、氧化硫 19%、氧化氮 16%、碳氫化合物 13%及顆粒 7%。污染物相互作用形成次級（二次）污染物和煙霧。香煙的煙是室內的一種重要污染物。有毒物質，如三氧化二砷這些污染物使空氣污染，可隨降雨而流入溪、河、湖、海，導致水的污染，出現黃色煙霧。另外固體廢氣物處理，如：固體廢物、垃圾中，既有大量的報紙、紙袋、紙杯、紙盤、紙盒、其他包裝材料和可吃的剩菜剩飯，又有不可退回的玻璃及塑膠瓶、鋼和鋁製的容器（如罐頭）和庭園垃圾等不能重複利用的廢物。

重複利用又稱之為再循環（recycle）

固體廢物能再循環和重複利用，而重複利用也可應用於污水。以目前最發達的美國而論，被重複利用的消費品不到10%。美國

每年被再利用的紙約達用紙的 20%，將它增加到 50%的是日本，好處是雙重的，即既可增加廢物的利用，又有利於大大減少環境污染。

有機廢棄物資源化再利用

　　義大利人早在 1920 年已採用嫌氧二階段式，將有機廢棄物以工業化生產方式製成為堆肥達到再利用的目的。1935 年英國人將堆肥技術改良為嫌氧及好氧分解交替進行，在歐洲及其殖民地已廣泛的應用。美國最早採用轉式攪拌強制通風的發酵槽，將處理廢棄物商品化。1950 年堆肥技術則普遍地推廣為開放性設備，目前好氧微生物分解系統之採用為世界各國主要趨勢，包括攪拌床式（Agitated bed）、筒倉式（Silo type）、通道式（Tunnel type）以及密閉靜置堆積式（Enclosed static type）。現代將有機廢棄物轉化為堆肥過程，一為微生物的作用，另一為發酵條件控制。堆肥過程中，有機廢棄物之可溶性有機成分（葡萄糖、澱粉、氨基酸及果膠等）及易分解的有機成分（纖維素及半纖維素等化合物）會迅速被微生物分解，部分營養成分可釋出供作物吸收利用，另一部分可進一步轉化成穩定的有機組成。製造堆肥所用的有機質是多樣化的，適合利用的微生物非常多，參與堆肥化過程的主要微生物分別為嗜中溫菌及嗜高溫菌。篩選出高分解效率之本土性堆肥優勢微生物，包括耐高溫纖維素分解菌、堆肥除臭菌、堆肥後熟期中溫菌等微生物，以強化培養特性，配合有效接種密度於廢棄污泥中，縮短堆肥腐熟時間三分之一，將造紙廠廢棄污泥餅快速轉化成有機質肥料。

▎有機廢棄物資源化再利用對於環境之正面影響

1. 微生物添加於有機固態廢棄物及應用生物技術來加速廢棄物堆肥化，更可進一步縮短處理廢棄物的時間。

2. 經由發酵熱殺死廢棄物中的病原菌，維護環境衛生。

3. 自然環境中微生物對有機物會進行分解、氧化、還原、合成及異化等作用，產生某些對作物生長有負面影響的物質，例如甲烷、酚類、乙酸、丙酸、硫化氫、氨氣、氫氣等，若經過堆肥化，使之腐熟，由微生物代謝分解掉這些有機質，可以減少有害成分，使其性質穩定化。有效的轉化廢棄物為有機堆肥，除可增加有機肥的營收，又可減少污染，提升國人生活品質。有機廢棄物資源再利用已成為世界的新潮流，以美國為例，以堆肥化處理有機廢棄物的數量從 1990 年 8%增長至今達 28%，並且利用微生物有效成分分解廚餘，或做成堆肥來灌溉農作物或種植花木，使廢氣物資源回收再利用。

目前台灣在自然環境受限的條件下，要有機廢棄物資源能永續利用，必須推廣有機廢棄物堆肥化，禽畜廢棄物如牛、豬等糞便；農業廢棄物如蔗渣等；果菜市場廢棄物如水果及蔬菜外皮；漁產廢棄物如魚乾、魚渣、蝦殼及蝦皮等，利用生技中心篩選出高分解效率之本土性堆肥生態系微生物，縮短腐熟時間，有效的轉化為有機堆肥，加強堆肥生產品質及技術的提升，建立堆肥工業化生產模式，確保堆肥多元化應用時不會對環境造成二度污染，廚餘做成堆肥，以達到永續經營與環境復育，並以推廣復育環境為最終目標。

第五章

抗凍細胞與抗老化醫學

Aptosis萎死與抗凍的研究是目前最熱門的話題，如何延續生命並維持青春不老的秘訣，尤其是探討生命的本質及遺傳現象，來探究其抗凍與抗老化醫學的基本原理。最早在 1952 年有學者提出了著名的「DNA 雙螺旋模型」，獲得了諾貝爾獎。DNA 雙螺旋構造的提出，是近代遺傳學上最重要的，也奠定遺傳學及生化學的基礎，更是近代遺傳工程發展的原動力。DNA雙螺旋構造被提出之後，以研究核酸為中心的「分子生物學」，70 年代遺傳工程技術應用了分子生物學的原理，為人類開拓了另一科技新紀元。在研究基因上要先研究基因的本體，就是 DNA，DNA 的化學成分，是含有氮原子的鹽基以及磷酸所組成。鹽基共有四種，稱為胞嘧啶（C）、胸腺嘧啶（T）、腺嘌呤（A）與鳥糞嘌呤（G）。DNA 的遺傳密碼，是依它的排列順序，以三個為一組，每一組可以控制一種氨基酸的生合成，所以遺傳密碼可以左右組成人體的二十幾種氨基酸排列與功能，再由氨基酸排列順序組成各種蛋白質，蛋白質可以推動生物體的酵素反應，來表現出生物特有的性質，才來繼續後續的發展與研究。

▌ 神話傳說與夢想

在過去秦始皇時代所追求的長生不老之藥與嫦娥奔月後玉兔搗藥的故事，是抗老化與抗凍細胞出現的科技奇蹟才將神話傳說與夢想付諸實現，且將從前認為不可能的事情化為可能的事，所以科學家與萬能的神及造物主其實沒有言過其實，都是將理想與夢想付諸於實現的。最近冷凍細胞的出現與抗凍人的實驗及抗凍人即將出現使我們開始正視這個問題，並加以探討抗凍人與社會倫理的關係。因當抗凍人的出現時，會對人類造成不小的衝擊恐

怕遠超乎人類的想像。這個衝擊將改寫人類社會的所有制度和規範，但從另一個角度而言它也是一種完全的毀滅和崩潰。人類必須預先設想可能的問題，思索一套與抗凍人共存的社會制度。柯林頓也行文「國家生物倫理諮詢委員會」，緊急進行法律與道德層面的分析，並於九十天後回報，以進行國家生物倫理條款的進行，並要求該會就研究抗凍人及複製人成功後所產生的諸多可能性來加以訂定規則來維護社會的安定與安全。

▋生物細胞的冷凍：冷凍動物園～現代諾亞方舟

　　目前在美國加州聖地牙哥動物醫院一隱密處有個現代的諾亞方舟。放在四個冷凍槽中的是集地球上最稀有的幾種動物之大成，令人匪夷所思：有貓熊、兀鷹，甚至還有一隻加州灰鯨，這是已知規模最大的收藏。這些動物當然並非陳列展示，而是每一種動物的組織樣本被儲放在小塑膠瓶內，浸沒於液態氨，以攝氏零下一百九十六度的低溫加以冷凍。25 年前科學家初創此一所謂冷凍動物園時，他們也不知道為什麼要這麼做，只是覺得將瀕絕動物的活細胞冷凍是對的。如今，這種先見之明就要開花結果了；聖地牙哥動物園的科學家樂觀地認為，2004 年 3 月，生命會從這些冷凍的各種稀有動物中蹦出。目前在愛阿華州一處農場放牧的是十一隻懷孕待產的母牛，牠們懷的是瀕絕的印尼峇里牛，因為其細長彎曲的牛角而為人捕殺，野生的數目不到八千頭，泰半三五成群散見爪哇島，2002 年試圖複製人類胚胎而引起軒然大波的美國先進細胞科技公司（ACT）的科學家，把冷凍動物園一隻 20 年前死去、編號三一九的峇里牛遺傳物質 DNA 注入三十頭母牛的卵子，以電力促進卵子發育，希望能生下小峇里牛。2003

年的實驗結果遠較任何人預期的都要好；科學家樂觀地預測，會有六隻複製成功的峇里牛出生。

美國先進細胞公司的蘭薩博士說：「我們到頭來會有一小群峇里牛。」如何處置這一群牛目前尚無定論，最終目標是把任何複製出的動物與目前在聖地牙哥動物園內「蹄角類台地」展示的峇里牛並列展示。但該公司科學家希望先確定這些動物夠健康，能耐出遠門的舟車勞頓，並有足夠的社交能力融入野生的峇里牛群中繁殖日盛。許多人希望這項新奇的異種複製實驗有朝一日能成為保育瀕絕動物—甚至是讓絕種動物重見天日—的有力例行方法。聖地牙哥動物園冷凍動物計畫主持人萊德說，這不是什麼特技，而是一種新的競技場，冷凍計畫部門有責瞭解這項科技可能有哪些益處。萊德和他的同僚指出，複製並非根本的解決辦法，保存動物的棲息地、禁獵等保育方法更是當務之急。

冷凍臍帶血幹細胞保存時間

臍帶血幹細胞未來有無限的利用空間已是眾所周知的事實，許多家長都有概念在嬰兒出生時就保留他的臍帶血，期望在未來的 10 年或 20 年間，隨著生物科技的發展，期望可以因為即時儲存了臍帶血而為孩子或家人帶來健康。但是臍帶血幹細胞在液態氮儲存槽中究竟可以冷凍儲存多久呢？以往骨髓幹細胞曾有冷凍儲存數十年仍然保有活性的紀錄，理論上，一樣是幹細胞，一樣的冷凍條件，臍帶血幹細胞冷凍儲存數十年仍然保有活性應該沒有問題，只是自從 1992 年紐約成立第一家臍帶血銀行以來，臍帶血冷凍儲存也是近 10 年才普遍推廣的新技術，目前文獻記載保存臍帶血最久的紀錄是 15 年。根據研究，只要有成功的臍帶血幹細

胞分離技術，配合嚴格品管的細胞冷凍保存技術，相信臍帶血幹
細胞至少可以保存幾十年仍舊保有可用的存活率。只是要達到這
樣的存活率，慎選作業標準的臍帶血銀行就很重要了。

冷凍細胞再複製

(一)複製優缺點

1.保有原親代基因組

假設親代擁有聰明、長壽、健康、外貌……等良好基因，這
些都可完全保留下來；但靈魂是不能被複製的，複製出的個體長
大後雖和親代有相同的外貌、形狀，這是純指肉體而言，就自我
意識來說複製人是獨立自主的，不應成為親代的附庸品。

2.解決器官移植來源問題

哈佛大學歐金教授在美國倫理委員會出席作證時，預言複製
技術的突破，將使病人可以生長他自己的骨髓，挽救人的生命，
將複製後的胚胎加上一個化學物質，使原本可以變成身體各部分
的細胞都分化成骨髓細胞，那麼這些骨髓就和病人自己的一模一
樣，這不但解決來源不足的問題，在移植時也不會被白血球所排
斥。若能培養出其他的器官如肝臟、腎臟，那就更不得了。

3.避開某些疾病

大多數的遺傳疾病來自胎兒有過多或過少的染色體（例如唐
氏症第二十一對染色體多出一個），或是隱性疾病（例如鎌刀型

紅血球，當雙親各有一個此疾病的基因，結合成對時就會發病）；複製技術是來自一個健康的細胞，這樣可確保染色體的正確無誤，藉此避開遺傳疾病。

㈡因冷凍複製所引發的問題

1.複製自己

　　根據在美國所做的民意調查有6～7%的美國人想要複製自己，也就是在屆育齡的美國人中，有五百餘萬人有意如此做。若每個人都要複製自己，個人便不再獨特，長大後的複製人（分身），可能會因為和本尊長得太像而難以分辨，容易造成社會混亂。

2.複製別人

　　現今社會偶像崇拜蔚為風潮，籃球巨星喬丹、歌唱天后瑪丹娜，甚至死去的愛因斯坦、貓王、瑪麗蓮夢露……等，只要能取到他們完整的細胞就可複製，未來的人類將隨己所好，把人當做商品自由販賣，這樣人和寵物有何不同呢？

3.複製親人

　　未來可在親人死前將其細胞冷凍起來，待親人死後，再將其複製，雖然複製人和本尊是不同的個體，但由於容貌外形相仿，還是會因移情作用而感到安慰。若小孩在年幼時不幸逝世，那麼複製小孩的替代效果將更加強烈。1988 年美國一位女學生艾妮莎被診斷出血癌，在遍尋不到合適的捐贈者下，艾妮莎的父母決定再次生育，雖然再生一胎組織相容率只有四分之一，他們仍決定

放手一搏。1990年艾妮莎的妹妹誕生了，其骨髓幸運地和姐姐相容，14個月後艾妮莎做了骨髓移植。1996年他們全家接受電視訪問，6歲的妹妹非常高興地告訴主持人：「我救了姐姐的生命」。如果換成是現在便可使用複製技術得到組織完全相容的骨髓，不必受制於命運的安排，誕生的胎兒同樣可以拯救姐姐的生命，但我們可以如此做嗎？

4.產生新族群

富有的人可購買或將好的基因保留下來，貧窮的人因付不出金錢只能任人宰割，屆時富者愈富，貧者愈貧，社會階級將更加明顯。若遭野心人士加以利用，複製成千上萬智慧超群、體力超強的特選人種，組成地下軍隊，後果更是不堪設想。

5.生物醫療倫理定位

當一複製嬰孩和一經過正常繁殖的嬰孩因某種因素急需一副呼吸輔助器才活命時，此時又恰巧醫院只剩一副呼吸器，當分配給哪位？複製嬰孩的生命和兩性繁殖的生命同等嗎？複製嬰孩長大後面對社會大眾的眼光該如何調適？這樣對他公平嗎？總之，複製引發的問題是相當廣泛的，不只考慮到複製人對外界的影響，複製人本身生命的定位亦是件難題。

▌顛覆傳統的複製科技 vs 信仰和複製的衝突，例如：

*1.*五個父母。
*2.*一個父親二個母親。
*3.*是外婆也是媽媽。

4.父母是死去的胎兒。

5.是兄弟姐妹亦是母親。

6.同性擁有自己的小孩。

▋ 信仰和複製的衝突

1.複製生命不需精子。

2.破壞婚姻制度。

3.打破家庭倫理。

4.強迫中獎。

5.社會將成無神論、唯物論的世界。

6.扼殺胚胎

　　⑴受精瞬間神即賦予胚胎靈魂？

　　⑵受精後的第 15 天為生命起源時機？

　　其實在現今的生物科技只能以既有的生命原料加以改造，但終究還是無法從無到有「創造生命」。在實驗室裡製造出氨基酸、核甘酸，甚至蛋白質、DNA 等巨大分子細胞都是有可能的，但將這些分子組合成一個會活的細胞，我想我們目前還是無法做到。若有一天我們能帶著肉體長生不死，進而創造生命（我個人認為絕對不可能），到時我們的信仰一定會受到動搖。複製技術有好有壞，「壞」的是兩性生殖的自然秩序遭破壞，其深遠意義就是破壞人在愛的關係中孕育成長的生命秩序，面對這種事情，我們是否應該深思人與人的關係不只是在生命的延續，而是建立在彼此相愛的基礎上？如果沒有「愛」那我們生在這個世上，就不會去體驗、瞭解許多的事物的真諦，未來若以複製生命為風潮，誰敢保證我們以後不會把複製人當商品賣（例如：明星）。

「好」的則是可以運用相同的細胞，去救很多的人，假使是器官的細胞複製也好，稀有的動物也好，親人也可以，只要是能讓人生活過得更好的，其實複製也有其必要性及迫切性。

抗老化問題將衝擊到人類社會—換膚新技術

㈠膠原蛋白

　　膠原蛋白，又稱作「膠原質」（Collagen），膠原蛋白占人體總蛋白質的33%，是細胞與細胞之間的連接劑，主要作為人體結締組織中的粘合物質，膠原蛋白並且能直接活化凝血系統中的血小板，有快速止血的功能，並促進傷口癒合促進組織修復，如骨骼、肌鍵、韌帶、血管、皮膚等的構成材料，可提供穩定的支撐架構。例如膠原蛋白即占皮膚組織中真皮層的75%，可撐起皮膚外觀看起來緊緻有彈性。其主要功能是維持皮膚和組織器官的形態和結構，扮演有如建構房屋之「鷹架」的功能，提供組織張力藉以保護並連結各種組織，支撐起人體結構，也是修復各損傷組織的重要原料物質。由於膠原蛋白可發揮建構組織架構、支持保護、控制分子通透、促進傷口癒合與修復等數種生物功能，目前膠原蛋白可應用於生物、醫藥、化工、食品等領域，用途非常廣泛，配合各種用途，膠原蛋白產品也產生出各種不同的形狀及劑型，如注射用溶液，用於小針美容，修補皮膚凹洞及皺紋；多孔性海綿或片狀纖維可作為止血劑、傷口敷料、組織墊片等。

㈠膠原蛋白的組成

　　透明無色的膠原蛋白纖維是由三條螺旋狀聚太鏈所組成的。根據聚太鏈的組成及排列，可以發現不同部位的膠原蛋白其主要差異在於氨基酸的結構。膠原蛋白富含甘胺酸（glycine）、脯胺酸（proline）、羥脯胺酸（hydroxyproline），但卻缺乏半胱胺酸（cystine）。

㈡為什麼需要補充膠原蛋白？

　　膠原蛋白會隨著年齡的老化、生活壓力、作息不當、紫外線照射、環境污染等因素逐漸流失，或發生性質上的改變，使生理機能或皮膚出現老化的現象，最明顯的就是皮膚變得鬆垮及產生皺紋，因此如果想要保持年輕有魅力的神采，補充膠原蛋白是最直接有效的方式。

㈣膠原蛋白的應用

　　膠原蛋白主要由牛軟骨及牛真皮製備而得。其製造流程可簡述如下：將新鮮原料洗淨後以石灰醃漬一段時間，取出後經水洗、脫毛、去表皮等步驟後，進行中和脫灰，洗淨後以粗磨、脫脂、脫水、乾燥法分別處理之，最後再經細磨便可製得膠原蛋白粉。

㈤外用保養的方式

　　膠原蛋白可作為美容保養品中的保濕劑使用，具有保持水分的功效。從化妝品配方的角度來看，含有膠原蛋白的保養品中通常還會加入其他的保濕劑，因此非常適合長期處於乾燥氣候或空調環境中的消費者使用。

㈥口服保健的功效

　　口服膠原蛋白時，在腸胃道會被水解吸收，做為人體生合成膠原蛋白的原料。胃腸吸收能力不好的人在服用膠原蛋白時，最好能夠同時併服抗氧化劑，以減少自由基對膠原蛋白的破壞。

㈦必須由專科醫師執行的注射法

　　由專科醫師執行注射膠原蛋白（藥品名稱：Zyderm）的方式，能夠改善臉部老化的皺紋問題。當醫師在評估其功效時，要特別瞭解消費者是否會對膠原蛋白過敏，才能夠避免膠原蛋白注射所導致的不適症狀。一般來說，注射膠原蛋白對減少前額和兩頰的皺紋特別有效，其功效可維持半年至兩年不等。由於膠原蛋白會被人體吸收，因此在完成膠原蛋白的注射後必須與醫師保持密切聯繫，以讓醫師有效地掌握狀況。

㈧膠原蛋白含量是老化指標

隨著年齡的增長，膠原蛋白在人體內的含量會逐漸減少。尤其是真皮層的膠原蛋白會隨著老化而性質改變、含量減少，導致肌膚出現鬆鬆垮垮的皺紋。因此由膠原蛋白的含量多寡，就可以看出一個人肌膚老化的程度。

㈨真皮層的主要組成是膠原蛋白

肌膚真皮層占 15～20%的人體總重量，其厚度約為 1mm（臉部）至 4mm（背部或大腿）。真皮層的結構呈現網狀，主要組成為多醣體及蛋白質，可以將水分保留在真皮層中；真皮層也能以緩衝外界壓力的方式保護人體，還可作為表皮層和表皮附屬器官的營養供應站。在真皮層的網狀結構中，還有纖維狀的蛋白質負責支撐之用。這些纖維狀蛋白質是由膠原蛋白（提供張力）和彈力蛋白（提供彈性）所構成的。從真皮層的乾燥總重量來看，膠原蛋白約占 75%；從真皮層的體積來看，膠原蛋白的比例則為 18～30%。

㈩膠原蛋白含量減少的作用機轉

老化、過度乾燥的環境、不當地拉扯皮膚等因素，都會破壞膠原蛋白的結構，如此一來，就會造成細小紋路甚至皺紋的出現。膠原蛋白在肌膚真皮層結構的轉變如下，由新生組織的「單束連結（intrastrand links）」、變成「束與束連結（interstrand links）」、最後變成「分子間連結（intermolecular links）」的方式存在。因此膠原蛋白的整體結構就變得較為緊密，但是支撐力相對減弱，導致真皮層的張力度隨之而降低。如此一來，就會使得真皮層彈力蛋白逐漸喪失彈性，使得肌膚呈現出鬆垮的外觀。而膠原蛋白的物化性質同樣也會有所改變，新生組織的膠原蛋白呈水溶性，老化組織的膠原蛋白則呈水不溶性。比較膠原蛋白在人體體內的含量則會發現，存活年齡愈長的動物其體內膠原蛋白的總含量會愈少，水不溶性膠原蛋白的比例也會隨之增加。

(土)真皮層的膠原蛋白會隨著老化而減少

相關的研究結果顯示，膠原蛋白在體內的含量變化如下：從出生到二十歲的期間會逐漸增加，二十歲到五十歲之間則保持不變，五十歲以後則逐漸減少，到了七十歲則保持在最小含量。研究人員也發現，六十歲以上老人的真皮層厚度平均較年輕時降低25～30%，主要是因為膠原蛋白含量減少的緣故，而女性的變化比男性更為明顯。

(士)用什麼方式可補充膠原蛋白？

口服—在日常生活中食用含膠原蛋白的食物，例如：蹄膀、豬皮、雞翅、雞皮等帶皮和骨的肉類或是魚貝類的料理等。另外，亦可補充含膠原蛋白的保健食品，如保力強、保芙美……等。外用—使用含膠原蛋白的保養品。但要注意的是，膠原蛋白是分子量非常大的蛋白質，如果未經過生物科技的適當處理讓分子變小，是無法進入皮膚真皮層被吸收的。注射—可利用高純度

低過敏的膠原蛋白，經由整形外科技術注射到皮膚的皺紋及凹洞中，作為填補材料，消除惱人的皺紋及鬆垮的輪廓。膠原蛋白會在人體自然的生理狀況下慢慢被代謝掉，因此平均每半年至兩年需再注射膠原蛋白。

㈡注射膠原蛋白與注射肉毒桿菌素有何不同？

膠原蛋白可與人體皮膚產生相容性，是以自然而然的方式重建肌膚的彈性及緊緻度。肉毒桿菌素則以麻痺肌肉的原理，藉由它阻斷神經與肌肉的神經衝動，使過度收縮的臉部肌肉放鬆，肌膚恢復光滑。要注意的是，肉毒桿菌素會立即失效。同時因每人的紋路深淺、部位不同，所使用的劑量也不同，如因劑量拿捏不準，有可能導致臉歪嘴斜，不可不慎。

㈣什麼是微膠原蛋白？

也就是將巨大的膠原蛋白以生化技術，高科技處理，使其變成分子量極小的微膠原蛋白（1,000～1,500Da，未經處理之分子量為 300,000Da）可到達真皮組織。由 MBI 美國實驗室的臨床驗證得知，微膠原蛋白確實能被肌膚深層吸收，同時皺紋及粗糙度也獲得明顯的改善。

㈤膠原蛋白是哪裡萃取的？

人體膠原蛋白和動物膠原蛋白結構類似，經過生化科技處理，可產生高度的生物相容性及低免疫排斥性。比較好的膠原蛋白來

自豬、牛的皮筋萃取。

㈥酵母與酵素有何不同？

　　簡單的說，酵母是微生物，經由酵素的催化作用可產生巧妙不同的物質，例如釀酒是利用穀類或水果中的糖分，培養酵母菌使之生長發酵，而藉由某類酵素負責催化的結果，使糖類的轉換反應如期進行，最後造成迷人的酒類風味。這就是酵母與酵素的生物關係。從另一方面來看，酵母如作用於皮膚上，可利用其代謝產物改善暗沉膚質，增進明亮的效果。酵素因具分解、催化作用，作用於皮膚則能改善角質層的新陳代謝問題，使膚感細嫩。

㈦為什麼使用微晶膠原系列後皮膚有緊繃感？

　　微晶膠原系列內含微晶酵素，而微晶酵素本身的作用在於老化角質的剝落，使肌膚變得較為光滑、緊緻感，所以皮膚有緊繃感是正常的現象。

▋未來發展趨勢

　　化學分解法及酵素分解法是現階段製造膠原蛋白原料的主要方式。目前最有潛力的製造方式則是「人類基因重組膠原蛋白（recombinant collagen）」，即利用生物科技的方式，將能夠製造膠原蛋白的基因植入動物體內，使其直接生產與人體適用的膠原蛋白。化妝品產業界的專家認為，膠原蛋白有效減少皺紋的功效，不論是內服、外用、注射都值得重視。因此對老化壓力日增

的現代人來說，可說是保有青春外貌的好選擇。黏度較低，而且也沒有膳食纖維水合膨脹的物理性質。未來國際上膠原蛋白研發趨勢以生醫材料、美容保養應用為兩大類別，根據生技中心對台灣地區膠原蛋白相關產品市場的預估，2010 年以膠原蛋白為原料生產之保健機能性食品飲料類產品銷售額約為新台幣一億元，化妝保養品產品部分大約是新台幣三～四億元，醫藥品暨生醫材料部分為新台幣四～五‧五億元，總計膠原蛋白應用產品的市場約有新台幣八‧五～一〇‧五億元的市場規模。

　　因此目前國內廠商產品發展與國際上的研發趨勢大致相符，由於應用在生醫及化妝品的膠原蛋白原料價位高於應用在食品加工上的，這是廠商多往這兩大方向發展的原因。早期國內的膠原蛋白原料多數由國外進口，國內廠商只進行成品加工的部分，所產生的附加價值有限，且有無法掌握原料來源的弱勢，而目前廠商投入自行生產膠原蛋白原料，除了有助於我國生技化工產業的發展，還可保障下游應用產品的原料取得，對於醫藥材料、化妝保養品產業的發展亦有相當大的助益，且由於此類產品具有相當的潛在市場規模，這也是膠原蛋白原料產業最好的發展機會。

▋國內廠商概況

　　在 1995 年時，國內僅有穩泰化工興業從事膠原蛋白的製造，且生產規模並不大，年產量約一公噸，1997～2000 年間，國內從事膠原蛋白製造商一直維持在兩家廠商的數目，2000 年之年產量約十二公噸，整體市場規模略微提升。但近兩年間，國內生產膠原蛋白廠商迅速增加，國內業者亦注意到膠原蛋白材料的潛在商機，而紛紛投入此一生化材料的市場。有關國內生產膠原蛋白材

料的廠商家數變化，國內的膠原蛋白產品現階段主要應用於生醫材料及化妝品中。膠原蛋白廣泛存在於動物體內，因此可從多種動物中取得，國內廠商取得膠原蛋白的來源以牛或豬為主，但也有廠商是由鳥類萃取而得，不少廠商強調不同的膠原蛋白來源會產生品質優劣的差異。

▌向自由基宣戰～抗氧化劑與自由基捕快—硫辛酸的功能

當自由基來襲的時候，人體會自動產生自由基捕快——抗氧化劑來包圍掌控並摧毀自由基。自由基經年累月的傷害終於導致人體快速老化。在自然情況下，抗氧化劑可以中和自由基的傷害，同時健康人體也能夠從自由基傷害中迅速恢復。硫辛酸是「極佳的抗氧化劑」，因為它很容易被人體的消化道所消化吸收，同時，也可以快速抵消自由基的傷害。硫辛酸是一種強效型的抗氧化劑，無論是存在大腦血液、脂肪組織、心臟、胰臟、腎臟、骨頭、軟骨或肝臟中的自由基，都逃不過硫辛酸的手掌心。

▌為什麼硫辛酸是強效型抗氧化劑呢？

硫辛酸會成為強效型抗氧化劑的原因很多，其一是它的分子結構兼具脂溶性與水溶性。它的水溶性質使其能夠輕易地溶於血液與其他體液中；且因它的脂溶性質使其也同時能夠溶於脂肪中。相反的，維他命 C 只具備了水溶性，而維化命 E 卻只具有脂溶性。這種雙重特性，使硫辛酸能夠在人體各部位執行抗氧化功能。無論是大腦組織液、血液、脂肪組織，心臟、胰臟、腎臟、骨骼、軟骨組織或肝臟，它都能夠摧毀全身各處的自由基。它就

像維他命C一樣可以穿梭在血液或細胞間液之間。因為它這種奇特的特性，硫辛酸才能夠輕易通過血腦障壁（blood-brainbar-rier），進入腦中促進產能反應。硫辛酸另一項很重要的特性是可以幫助其他抗氧化劑，例如：維他命C、維他命E和麩胱甘氨酸之再生使用。當這些抗氧化劑用罄時，硫辛酸可以使它們回收再生。由於這個特性，硫辛酸才會廣泛存在各種細胞之間。也因此，硫辛酸才能在很短的時間內有效抗氧化性傷害，例如：糖尿病、中毒、高血脂症、心臟病、中風、白內障、器官損毀、癌症、神經系統疾病與放射線傷害。此外，硫辛酸還具備了其他功能。它保持皮膚膠原的完整性，使皮膚緊緻細嫩；它保護細胞內溶小體的完整性，以免溶小體內強的水解酶漏出，誤傷了自身細胞。另外，硫辛酸能保護去氧核醣核酸和核醣核酸不受外界傷害，免於基因突變的後果。

▌硫辛酸的分身

　　當硫辛酸完成任務之後，它會轉變成雙氫化硫辛酸。氫化硫辛酸是硫辛酸還原後（即加上電子）所得的分子。反過來說，氫化硫辛酸氧化之後（即除去電子），就得到了硫辛酸。

▌硫辛酸能夠抵禦放射線的傷害

　　核能放射線也是另一項自由基的來源。毒物化學家利用抗氧化劑來治療各式放射線傷害的病人。結果發現，硫辛酸能夠保護骨髓避免放射線的傷害。像前蘇聯發現，硫辛酸和維他命E合併使用，治療放射線傷害的效果最好。此外，他們還發現異常的肝

腎功能可用硫辛酸來矯治。

▍硫辛酸是一種很有效的螯合劑

　　硫辛酸另一項神奇功能是重金屬的螯合劑。所謂「螯合」者即「如蟹之鉗」，牢牢鉗住目標物。許多天然物質都是重金屬的螯合劑。它們會鉗住重金屬，中和其毒性，而將其排出體外，例如以下的重金屬類。

㈠水銀

　　水銀是一種毒性很強的重金屬。我們的飲水、土壤基至食物中，都有污染情形。短時間內誤食大量的水銀會引起口渴、喉嚨燒灼感、腹痛和嘔吐，如果水銀傷及腎臟，將會導致急性腎衰竭。而吸入水銀蒸氣會造成急性致死性化學傷害性肺炎。慢性汞中毒則引發免疫功能缺損、神經系統方面疾病、過敏、關節炎、掉頭髮、肌肉無力，基至死亡。硫辛酸能夠螯合汞。醫學界的急性汞中毒病人一般療法包括：催吐，給予活性碳和瀉藥，以便促進汞快速排出體外。慢性中毒的治療法就是給予青黴氨來移除體內的汞。青黴氨是青黴素的代謝物，它會引起許多副作用，包括：使傷口久久不癒，使血管壁受損。硫辛酸能夠螯合體內過多的汞，並促使它從膽囊排出。

㈡砷

　　砷它普遍存在於都市的下水道、汽機車廢氣、二手煙、殺蟲

劑和許多工業物質中。砷中毒的一般療法就是注射抗氧化劑和重
金屬螯合劑，而硫辛酸正是其中之上選。早在 1960 年，醫學界就
發現，硫辛酸能夠將動物血液或組織中的砷排出體外。

㈢其他重金屬

　　硫辛酸和氫化硫辛酸能夠螯合銅、過多的鐵、鈣、鋅和鉛。
硫辛酸做為人體重金屬中毒之治療藥物，頗有臨床價值。

第六章

基因改造食品

　　自有人類，人們就試圖改造生物。過去傳統的育種方法是運用選種及交配，以獲取想要的生物體特質（如口感好及較甜的玉米）及減少或去除不想要的特質（如自然產生的毒性）。但是，傳統育種最大的限制在於交配的品種必需是相同的或相近的，為了要突破這種限制，科學利用現代基因工程技術，精確的挑選生物體某些優良特性的基因，來轉殖到另外一個物種，使新的基因改造生物具有預期特定的特性。近數十年來，現代生物科技進展迅速，主要的應用之一為基因改造食品。基因改造食品為世界帶來許多正面利益，例如解決全球糧食不足壓力、改善食品營養價值或減緩棲息地破壞速度。然而，基因改造生物體（GMOs）對於生態環境與生物多樣性之衝擊，以及基因改造食品對於人體健康之風險，逐漸引起世界各國的廣泛關注。

　　近年來生物技術快速發展，各種基因改造作物及其加工食品也已透過貿易市場向外流通，其中玉米和大豆已成為基因及非基因改造市場區隔最具代表性的產品，也是目前全世界最主要的基改作物，其用途廣泛，多進入加工食品市場，作為畜牧用飼料，或者直接供民眾消費之用。市面上最常見的基因改造食品成分是來自經基因改造的大豆、粟米、馬鈴薯和蕃茄。經基因改造的大豆可加工製成豆油、豆粉，或用來製造餡餅、食用油及其他豆類食品；經基因改造之粟米則可加工製成粟米油、麵粉或糖漿，再用來製造零食、糕餅和汽水。基改產品因生產成本提高而使得產出全面減少；價漲，對非基改類產品影響幅度不大，主要是受整體經濟變動所影響。考慮到消費者對基改產品的需求偏好下降時，基改產品與非基改產品將呈現明顯替代，顯示國內消費者對基改產品的認知與偏好的選擇深刻影響政策之效果。當國外基改技術持續進步，使得進口基改大豆、玉米價格下跌時，則對標示

成本提升的負面衝擊有彌補作用。至於採禁止基改玉米、大豆進口時，首當其衝的產業為畜產業、飼料業、食用油脂業，將對我國農業部門及總體經濟造成衝擊。

　　以生物技術改造食物，其優點在於得以增加產量，提高作物之附加價值，並減少化學藥劑之使用，而使環境得以永續利用；然而反對之聲浪卻絡繹不絕，其主要是因為基因改造食品之發展歷史並不長，其對於人類健康與生態環境之影響，尚未有定論。此外，其對宗教倫理道德、智慧財產權與國際貿易方面，亦形成許多之爭議。有鑑於基因改造食品所造成之問題，對於基因改造食品之管理就顯得相當重要。

　　研究人員研究培植基因改良食物／農產品，大多數因素如下：

1. 加入快速生長基因後，可以生長得更快、更大，以提高生產質量及數量。
2. 混合不同食物的基因，可以產生新品種食物。
3. 加入耐冷、耐熱、耐旱作物的基因後，食物可以在更惡劣的環境中生長。
4. 加入了抗蟲害的基因後，害蟲吃了此農作物便會喪命，從而可減少農藥的使用。
5. 於農作物加入抗殺草劑的基因特性後，農夫可大肆噴灑農藥以殺除害草、害蟲等的生物，而不必擔心傷及農作物成長。

　　衛生署為保障國人健康，維護消費者「知」之權利，除積極研擬基因改造食品之審查制度外，為能更加落實該類食品之標示管理，已廣泛蒐集國外先進國家之管理規定、查驗制度之細節、檢驗方法之可行性、實際審查之案例等，並將基因改造食品相關資訊登載於衛生署網頁，且多次舉行產官學座談會，獲得共識。

未來仍將持續與各界溝通，俾使公告之管理制度，不但符合國際
規範，而且實際可行。

　　基因食品隨著生物基因培養技術的快速進步，所以我做了以
下重點摘錄：

(一)基因食品的定義

　　所謂基因食品是將一段外源的基因轉殖到動、植物而製造出
的食品，例如把對抗殺蟲劑的基因轉殖到農作物中，便可以減少
農作物噴灑殺蟲劑的劑量。或者把維生素或礦物質的基因，轉殖
到大豆、玉米的種子中，以強化其營養成分等。目前的基因改造
作物以轉殖抗殺蟲劑基因的作物占最大的比率約為 77%，其次為
抗害蟲之基因作物約占 22%。

　　將一段遺傳物質轉移到另一個生物體中，與傳統農民利用選
種、雜交、培育的方式不同，基因作物是打破所有物種的天然屏
障，打破「界、門、綱、目、科、屬、種」的區隔，將某物種的
一段 DNA 分離、取出，然後利用「載體」（carrier）貼到另一個
物種的 DNA 上，使之在另一物種體內進行複製。

(二)基因食品的來源

　　基因工程（Genetic engineering）技術自 1970 年代開始發展，
其係以新穎的方法從動、植物及微生物中的細胞中轉殖部分基因
到其他動、植物中，徹底改變單一活性細胞複雜的基因結構獲取
所要的特質轉殖基因。這些被殖入基因的動、植物稱作基因改造
生物體（Genetically Modified Organisms, GMOs），由基因改造生

物體所製成的食物則稱為基因改造食品（Genetically Modified Food）或基因食品。

最早出現在市面的基因食品成分為1990年使用於製造起司的基因改造酵素，而市面上最早的基因食品則是1994年之Flavr-Savr蕃茄。

㈢基因食品的特性

利用人為的方式，將外來基因植入另一生物體內，會產生二種不同的結果：

1. 新的蛋白質。如穀類缺 Lysine。
2. 改變原有的基因表現階層。如某些作物會產生之過敏原可減少或消除，而如何將外來基因導入呢？方式則有二種：
   (1) Agrobacterium T-cell——把想要的基因植入 T-cell（作為攜帶者），再藉此植入想要的植物。而此菌本身會產生腫瘤，須先去除腫瘤。
   (2) antisense m-RNA——使 RNA 由單股 Þ 雙股，使其無法作用，降低蛋白質的產量。

㈣基因食品在世界各地的運用情形

大部分的基因改造作物集中於美洲國家，其中以三個國家占所有基因作物的 99%，分別為美國 74%、阿根廷 15%及加拿大10%。據估計到1999年為止，美國約一半的黃豆及 1/3 的玉米為基因工程作物。

㈤影響衝擊

以前吃魚是魚、吃肉是肉，科學的發達使吃魚非魚，吃肉非肉，基因食品已無法避免，因此當市面上到處都是基因食品時，消費者又如何選擇？

㈥害處及益處

基因食品之所以被攻擊，就是因為大部分的人（包括科學家、醫學界、農業界），對基因食品到底是怎麼種出來的，還一直搞不清楚。對科技的恐懼，再加上謠言紛飛的壓力，使得基因食品變成人人喊打的過街老鼠。

▍基因食品的潛在好處

1. 基因改造作物可抗蟲害提高產量，可解決因全球人口過度成長而造成的糧食不足問題。
2. 基因食品可提供較高營養價值及更健康的食品。
3. 基因作物可在乾旱等惡劣的天候下成長。
4. 基因食品可減少殺蟲劑及除草劑的使用。
5. 基因食品可提供可食用的疫苗。
6. 基因食品可提供更便宜、更可口、品質更高的食品。

然而，爭論歸爭論，事實上此類基因食品已經進入了人們的日常生活。黃豆是60%加工食品的原料，而其中一大黃豆出口國美國，在原料出口前已經將普通黃豆和基因改良黃豆摻雜在一起

了。世界衛生組織及聯合國糧食及農業組織以此依據來評估基因
改造食物是否安全。若基因改造食品在營養價值、毒性和過敏性
質方面與原來品種相同，則視為與原來品種同樣安全。

美國和加拿大於基因改造食品與原來品種並不實質等同，才
須附上標籤。歐盟國家由 2000 年 4 月起，所有含有超過 1%基因
改造物質的食品，均須附上標籤。澳洲和紐西蘭現行規管基因食
品的法例在 1995 年生效，規定和原來品種非實質等同的基因改造
食物，才須附上標籤。兩國現正研究是否應推行全面的標籤制
度。日本由 2001 年 4 月起，規定五類農產品（包括大豆、粟米、
馬鈴薯、油菜籽及棉籽）及二十八種加工食品中，如含有基因改
造成分，須附上標籤。南韓於 2001 年起，規定基因改造的粟米、
大豆和荳芽及其加工食品須附上標籤。香港仍在研究有關問題，
暫時還未決定實行標籤制度。

▋基因多樣化的價值

人類較大量食用的野生植物，就種類而言是很少的（三十萬
種中約只用三十幾種），其中來自北美的更是少的可憐（約是
一、二種，美國山核桃和紅莓苔子）。若喪失了十五種培育種，
這世上一半的人口便要挨餓。全世界的卡路里有 80%來自十個物
種。由於農業內部與日俱增的壓力（單一耕作、除害劑、除草
劑、雜交作物群、地下水污染），以及放射性所致的漸長突變
率、核子威脅、外來的奇異病害等，我們似乎應該保存經自然淘
汰的野生生物的基因寶庫，以應不時之需，例如美國人必須進行
一些異種交配，以對付像 1970 年得一場因生物所引起的玉米病蟲
害，或以那些已適應北美棲地的食物種類為後盾。

　　保存那些主要食物、纖維、和醫藥植物（設若它們至今還存在）的國外原生地乃是明智之舉，若不可能加以保存，則保護本國內的基因多樣性便更加重要。甚至今天某些野生植物所含的自然演化生成的自衛性毒素，也有可能成為明日的除害劑、除草劑、藥物等的來源。這些目前尚未確定的資源，無法在原生地以外的地方（如動物園、種子儲存庫）被妥善保護，而只能藉保存自然生態系的方式在原地加以保護。實驗室裡基因重新結合方式亦無法取代野生地，只有自然界的多樣性能提供原始的材料。

　　我們或許要說，基因多樣性只涉及某種特定的經濟價值；從某個侷限的角度看，這樣說未必有錯，但若要全盤的對價值作一分析則不是這麼單純。遺傳物質是經過自然淘汰的，是有益於帶有這些遺傳物質的生物體，不管人類是否使用這些生物。在非常偶然的狀況下，少許的遺傳訊息會對人類有用處，可以滿足它們的生理需求或其他利益，結果它會被拿來作經濟上的買賣。遺傳物質及其產物最終一定會具有經濟價值。但這之所以可能，是因為人類開發並重新塑造它原來就存在的價值。人類的勞力、聰明、偏好，以及價值的判斷等，遂與業已存在於生物形態或生物化學中的價值混合在一起了。像密碼般存在基因裡的訊息，在有人類以前便被有關生物發現了，但卻為人類的智巧所利用—例如吃馬鈴薯的人後來居上地掌控了已經存在馬鈴薯這植物裡運作著的價值。生態系裡的各種生物身上存在著豐富的基因，而基因多樣性的價值，乃是人類經濟價值與生命本身內在的生物價值的奇異混合物。

　　未來由國人自行研發的基因改造食品也將陸續出現。基因改造木瓜及蕃茄已進行田間試驗。面對基因食品的世界性潮流，政府除積極推動產業投入，也應兼顧基因食品安全性及環境生態的

保護。這些先進科技可以為消費者提供更營養的食品，未來數年內，市面上可能會出現含有使心臟更健全的營養成分玉米和大豆油、不會發黑的香蕉，以及能防癌的蕃茄等，不勝枚舉。下一世紀生化業前景看俏，人類生活很可能因此發生重大改革，屆時作物基因改良的技術將完全成熟，對農業、食物產生重大影響，並大量登上你我的餐桌，基因改良作物的登場，西方媒體稱之為「第二次綠色革命」。

▎結論

　　水、空氣和食物是人類賴以生存不可或缺的三樣東西，而在選擇上，食物比水和空氣複雜。科技不斷的進步，食物的種類也隨著增加，但是大自然的一些先天的限制，加上人們的過度栽種和污染，使得耕地逐年減少，食物的量也隨之短少。而一些國家人口過度成長，加上天然災害頻傳，也讓科學家感到憂心，深怕有一天食糧短缺，飢餓問題應運而生。為瞭解決這些情況，基因食品就在這些年來有了相當大的進展。目前國際間經由基因改造後的產物以玉米、黃豆和馬鈴薯占多數，而台灣也透過基因轉殖的技術，培育出抗病的木瓜、抗蟲的甘藍菜等作物。可預期的，其他相關的產品在未來也會跟著問世。

　　目前基因改造屬新興的生物科技，在缺乏長期測試之下，無人知道這些食物的安全性。且基因工程有可能導致無法預期的突變物種，使我們的食物產生新的毒素，而且毒性更烈，亦可能會降低營養價值或對抗抗生素的細菌。

　　基因改造食品具有許多優點，然而，基因改造食品在許多國家已造成爭議，主要原因在於對基因改造食品之安全性仍存有疑

問，故世界許多國家一方面雖積極研發生物科技並鼓勵投資，另一方面則著手研究較為完備之管理制度，以兼顧消費大眾之權利。首先就基因改造食品之意義、種類及基因改造食品於國際上、我國之發展現況加以介紹，並指出目前基因改造食品之爭議，包括基因改造食品之安全性、標示義務是否有必要、國際貿易上之協調、產業壟斷。而在眾多爭議中，以基因改造食品之安全性及基因改造食品之標示最具爭議性。

有關基因食品的安危，目前仍言之過早，不過，世界各地一件又一件「家禽患病、禍及人類」的事件，敲響食物安全的警鐘，也難怪許多人對基因食品懷有戒心。在食物安全意識逐漸抬頭的今天，任何與食物安全相關的重大事件，都引起人們的關注。人們一直認為，發生在家禽身上的疾病，只會在同類或動物之間流傳，人類因物種界線，得以免受感染的威脅。但是，席捲歐洲的「狂牛症」、1997 年以來兩度侵襲香港的「禽流感」，都一再推翻人類之前的想法，事實令人心寒。到底是怎麼一回事？向來可供人類安全食用的家畜及其製成品，竟陸續出現可怕的病症！更恐怖的是，這些病毒不只侵襲同類家畜，更進一步變身攻擊人類！

如果想避免受基因改造食物的影響，就要買新鮮的有機農產品，若買加工食品，且想避免食用基因改造的原料，那就必須詳細閱讀產品商標；如果商標上列有這些原料，但沒有明確地指出是被認證有機的話，那麼就有可能是基因改造的原料。

目前國內並無基因作物的生產，但難以確保資材是否是基因改造過的，因此如果真的不希望購買基因食品的話，可以考慮購買有機農產品。

基因食品是否就是有機食品呢？因為如果栽培的時候選用了

基因改造種子，但在生產過程當中未使用過任何農藥或化肥呢？就目前而言，對於有機農業定義有兩派專家學者，其一對有機農業的定義在於不使用農藥，如這樣的情況之下，基因食品就應該被稱為有機食品了。

　　但就更完整的定義而言，有機農業必須考量自然農法，亦即依循大自然的法則的生產方式，除了不使用農藥及化肥之外，仍必須考量到自然環境良好，而基因作物被懷疑會影響到自然生態，因此基因食品並非為有機食品的一種。

　　有不少人擔心，基因改造食品，可能會對人體的健康構成不良影響。經過基因改造的農作物或動物，也可能會透過雜交，把新的基因轉移至其他品種，因而違反了基因改造的原意，也可能會為生態系統帶來無法估量的副作用。不過，我們似乎不應因為這些問題，而抹殺基因工程為人類所作的貢獻。這些貢獻包括製造更多更便宜的藥物及疫苗，以挽救病人的性命，以及利用基因治療的方法，醫治無藥可治的先天性疾病。基因食品確實有抵抗作物的疾病、加快作物生長的速度、增強對環境的抗性、增加營養成分，和延長儲存期限等功能，但是基因作物還有阻止農民留種、育種的功能。例如基因食品公司曾經使用過「終結種子」，使農作物不孕，要買可以種的種子，一定得跟基因食品公司買。把「基因」當成一種商品來販賣，或是當成一種可以被私有的「專利權」，在此種以商業發展為導向的基因食品，到底實際上造福了哪些人？也是值得大家去思考的面向。否則以後我們或許還是可以說：「你絕對有權力決定，是否要讓這項新科技走入自己飲食生活中」，但是你必須要有足夠的金錢。

　　民以食為天，食物帶給生物能源，方能使生物有能力從事各種活動。現基因改造食品隨著人口不斷地增加，加上人類對於食

物之品質與特性之追求，如何改進農業產量及品質，一直是人類所急於探究的課題。現代生物科技發展迅速，基因改造食品也愈來愈普遍，基因改造食品為我們帶來許多的好處，如：可讓食品品質更好、生產出新的產品食物、植物生長快速，但基因改造也隱藏著許多危害，如：農作物可能會擾亂生態平衡、食物可能會危及人類的健康、種植基因改造農作物可能會導致更可怕的害蟲出現……等，雖然科技帶來了進步，但還是不要違反大自然規律，因為人類的破壞而反受其害，也許會出現食物安全問題和糧食危機，改良過的植物及動物可能感染一些新病毒，透過食物鏈而傳染給人類。大多數民眾幾乎都不知何為基因改造食品，希望能有多些訊息讓大眾瞭解在基因改造食品產生原理，在購買食品時希望有選擇的權利，即要求食品具有標示說明，讓消費者能熟知有關這類產品。

第七章

複製技術所帶來的社會衝擊

.

　　自從 2001 年 2 月底，英國的自然雜誌刊出一篇以成年羊的細胞成功的複製出另一頭小羊的論文後，這個驚人的消息立刻躍上全球各大報的頭版新聞，引發醫學、宗教倫理人士的爭辯，甚至連美國柯林頓總統都立刻出來說話，反對用基因的方式去複製人。在這事件過去一整年後，我們應該平心靜氣的來討論基因複製對人類的意義及對未來的影響。桃麗羊出生後，國內曾有兩本翻譯的書將基因複製的過程及對人類的意義介紹到台灣來，對整個事件的來龍去脈，以及其對現代社會的涵義，都做了詳細的描述。很可惜的是，大多數人仍然對此議題不瞭解，有的人說，不是早就可以複製了嗎，有什麼可大驚小怪的？有的人則害怕會有滿街一模一樣的瑪麗蓮夢露或麥克傑克森。對於這些人我們只能說，外頭已有科普的書，請他們去看，才能跟上時代。但是對於報章雜誌上所登載的一些似是而非的論點，我們應該及早反駁，以免產生滾雪球效應，積非成是，不可收拾。桃麗羊之所以震驚學術界，主要是因為它是一個已經停止分裂的成年細胞的細胞核被轉殖到一個抽掉原本的細胞核的卵細胞中後，可以分裂繁殖成一個新個體，以往的複製是從胚胎上取下尚未定型的細胞，因為那時細胞還未分化，所以可以做。但桃麗羊是從已經定型，停止分化的細胞中複製成功的，此複製方法是幾十年來一直實驗都沒有成功而最後終於在 2001 年成功的（這篇論文發表後，全世界的生化遺傳實驗室立刻著手重複這個實驗，因為到現在為止都沒有成功，所以最近桃麗羊的製造者威爾邁已著手再重新做一次這個實驗）。這個技術背後隱含的意義是人類可以隨意的從自身取下一個細胞，複製出自己所需的器官來替代已經毀損的器官，這種自體器官移植的下一個隱含意義是「人是否就可以長生不老了？」我們都知道有一個笑話，有人在街頭叫賣成吉思汗的寶刀，他說

「這是成吉思汗西征用過的寶刀，千真萬確的，一點不假，當然，刀的把手已經換過了，刀鋒也換過了……」。從理論上來講，只要大腦管理記憶的海馬迴（hipocampus）及邊緣系統（limbic system）不壞，這個人還是同樣的人，因為記憶是一個人之所以為他自己的最主要的機制。從這個層面講，基因工程的確會帶給人們恐懼（或是說希望），害怕有科學怪人（Fran kenstein），怕科學會成脫韁的野馬無法控制，但是科技這個東西就像兩面刀鋒，看你怎麼去使用它，是一個取決於人的事情。

　　我們知道自從 1998 年起，基因治療進入臨床階段，一些在以前一定會死，沒有希望的病症，現在卻有希望了。舉一個最簡單的例子來說，血癌的患者以前必須接受骨髓移植才有希望，然尋找相配的骨髓是非常困難的，現在透過基因複製的方式，可以從自身取一個細胞下來，使其分裂繁殖，再透過基因工程的方式使其長成骨髓，供自己移植。因為有基因工程，大家對癌症不再談癌變色，科技帶給人們的福祉豈是非病患所能體會的？我們不該應噎廢食，在不瞭解基因工程的實際狀況下，以立法的方式去扼殺基因工程方面的研究。我相信每個人都恐懼或厭惡核子彈，但是核子醫學帶給我們腦部造影的福祉（如核磁共振、中子斷層掃描等等）如果不是每一個人都能享受到，至少每一個人都有朋友或家屬享受到了這個快速正確的腦部顯影診斷福利。知識的追求是人類的本性也是人類的權利，任何人都沒有權利去阻止其他人追求生命的奧秘，這個基因複製的重點不在於知識或技術的追求，而在於如何正確的去使用這個知識。以最近清華的情殺案來說，我們難道因為兇手用王水去毀屍，就不在化學課教王水了嗎？其實，目前這些爭論在於批評者沒有把達爾文的演化論，尤其是近代的演化生物學好好的讀懂而產生許多的臆測，人有把基

因傳承下去的本能，動物會想盡一切方法把它的基因傳下去，在不妨害別人自由的前提下，什麼人有權利去否定別人當父母的權利或幸福？代理孕母就是出租子宮嗎？父母子女的關係早在1956年，哈洛就以恆河猴的實驗顯示了「有奶不是娘」，有奶但是沒有溫暖的鐵絲架媽媽小猴不愛，只有提供小猴舒適安全感的絨媽媽才是小猴子的最愛。今天這個孩子雖然是借腹生產，只有真正照顧這個孩子，關愛他、保護他，把孩子扶養長大的人才是他的媽媽。這裡不應用商品、出租子宮等字眼來詆毀這個不妨害別人的私人契約行為。照這個邏輯推來，賣血豈不大逆不道了？血豈不是商品、工具？但是沒有血，有多少人要枉送性命？若說捐血沒有商業行為，是可以允許的話，沒有金錢關係的代理孕母可以被接受嗎？若是雙方同意這不是懷孕的代價而是胎兒的營養費（一人吃，兩人補）時，是否就可以接受了呢？代理孕母替不能生育的母親完成她作為一個「人」（human being）的基本心願（把基因傳下去）是沒有錯的，這和買賣嬰兒不同，因為代理孕母生出來的是那個人自己的孩子，有著她自己的精子或卵子，有著她們自己的基因。至於說嬰兒殘障是否「退貨」，這點目前在胎兒的基因篩選上已做得很好，在基因修補上也在進行，屆時這個問題應不會發生。對於中國時報 2002 年 1 月 25 日登載之「科技與人文對話」中，哲學家認為加州 Anissa Ayala 得了血癌，她的父母在找不到合適的骨髓來移植的情況下，決定生另一個小孩，期待這個孩子的骨髓可以救 Anissa，是大逆不道的事。我想這對父母一定非常愛他們的小孩才會願意在結紮後再去生育來救 Anissa，沒有任何父母會眼睜睜的看著孩子死去而不盡最後的人事。質疑父母的這種行為是把第二個小孩當作「工具」，是個很卑鄙的說法，污蔑了天下父母心。手心手背都是肉，難道我們哲

學家真的會認為第二個孩子的骨髓配對不合時，父母會認為這孩子沒有利用價值而將她拋棄嗎？如果是這樣的父母，他們大可不必大費周章地去救 Anissa。放棄 Anissa 是沒有人會責怪他們的。得血癌是天意，找不到合適的骨髓是「命也」，別人不會責怪父母。但是一個在道德上已經無瑕疵的的父母願意冒大不諱去盡最後一點人事來聽天命，我認為父母愛子女之心是很偉大的，而我們的哲學家卻去質疑人家是把小孩當工具，為了救 Anissa 不擇手段。「萬一後生的小孩與姐姐不合時，父母會怎麼看待她呢？」我想哲學家是太不懂人性了。心理學說對人未來行為最好的預測是他過去的行為。Anissa 的父母過去的行為中，沒有任何一點可讓哲學家公然說他們是把第二個孩子（名叫 Marissa）當作工具來使用。事實上，假如基因複製再往前進步一點，Anissa 的父母不必去生 Marissa 來救她，醫生只要從 Anissa 的身上取一個細胞下來，複製它，再分裂到某個程度時，給予基因指令使成長為骨髓即可，就像我們在實驗室中培養出一個器官專供移植之用，這就像蘇格蘭的無頭蝌蚪來滿足法律的要求，同時也滿足科學家求知的要求。目前我們已做到了讓斷掉的脊椎神經靠著生長因子而再生，使癱瘓的老鼠得以走路，目前從血漿中提煉出來的生長因子一毫克十萬美金，成本太昂貴，但是很快的，基因工程會使這個成本降低而造福大多數的殘障人士。知識並不可怕，無知才是可怕，歷史一再的讓我們看到無知的禍害，在不知道天花的原因之前，我們去拜送痘娘娘，拜了幾千年，貴為天子的同治皇帝也敵不過天花的魔力，但是在知道天花的原因之後，短短幾十年，我們讓天花絕跡。身為一個科學家，我認為我有追求知識的權利，這個求新知的權利是不允許任何人剝奪的，但是我也同意人類總體的利益福祉應該優於團體或科學單獨的利益，事實上，這與科

學的精神是完全不違背的。

　　人要快樂很重要的一點是制人而不是受制於人。要不受制於人唯一方式就是不斷的自我改進，我不知道什麼叫「適時的，足夠的無知」，它的功能又是什麼。人生在世最理想的是把自己的潛能發揮出來，達到 Maslow 金字塔的最高一層，死而無憾，從演化的觀點來看，死是不足畏，因為死是常態，有生必有死，這是生命的週期（cycle），知識是人類最大的遺產，請不要告訴我們的學生「適時的，足夠的無知」也有其功能。在進入 21 世紀的今天我們應該告訴學生「生命的奧秘終將解開，基因複製只是一個開端」。

　　複製其實並不背離宗教，因複製即是一種發生，但若將其濫用則將落入不好的因果，故在使用及發展生物科技的同時，亦以不危害他人，不貪圖己利為出發點來追求卓越。並且人文無法離開科技，科技亦必須與人文結合。

㈠複製羊的實驗動機

　　「……於是，神便按照著自己的形象造人；並照著祂的形象造男造女……」舊約《創世紀》第一章第十七節

　　時代的巨輪總是不斷地推動歷史向前邁進，目前已是 21 世紀，正當人們滿心期待，迎接下一個新生物科技蓬勃的年代到來的同時，英國的科學家宣布了一項劃世紀的研究成果，為人類的未來投下一個不可知的變數，是好？是壞？無人知曉。

　　1997 年 2 月英國著名的科學期刊《Nature》，這期的封面極不尋常的刊登出一隻名叫桃麗（Dolly）的綿羊照片，外表看來桃麗和尋常的鄉間山坡上，低頭吃草的綿羊沒什麼兩樣，只不過牠

是一隻蠻特殊的羊——複製羊。

㈠複製羊——桃麗的誕生

　　利用成年細胞來複製哺乳類動物，在科學界裡一直都被視為不可能，但科學家的任務就是為了打破自然法則，其中英格蘭的科學家威爾邁（I. Wilmut），早在 1980 年代的末期，即已開始進行有關複製的研究。直到 1995 年，威爾邁利用取自實驗室裡培養的哺乳類動物之細胞株，做為細胞核移植的細胞核來源，將它重新植入去核的未受精卵中，培養成為胚胎，最後得到兩隻小羊，牠們所表現出來的特徵，完全和提供細胞核來源的品種一模一樣。這是第一篇利用在實驗室建立的細胞株，做為細胞核移植來源而成功複製的報導。桃麗的誕生也是以此做為基礎，只是更進一步使用成年細胞，由於成年的細胞已失去分化與分製的能力，因此選用成年細胞來複製羊，在技術上是更上一層樓。威爾邁首先選用實驗室貯存的白面羊之乳腺細胞，將乳腺細胞之細胞核抽出，與由黑面羊所提供的去核卵細胞經由電融合作用，使之結合成全新組合的胚胎，並將胚胎培養至桑甚胚期或囊胚期後，植入代理孕羊（選用黑面羊）的子宮中，最後有一隻小羊順利誕生，取名為桃麗（Dolly）。經由 DNA 序列分析，證實桃麗的 DNA 序列，和提供細胞核——即白面羊的乳腺細胞一樣，而和其它提供未受精卵與代理孕母的黑面羊不同。值得注意的是，桃麗是實行二七七個複製胚胎中，唯一存活的小羊，換句話說複製的成功率為 0.36%（1/277）。

(三)「複製」所引起的爭議

　　複製羊的成功，不啻是科學界的一大突破，它意味著人類掌握生命，創造生命的能力又向前邁進一步，加上媒體的推波助瀾，社會大眾紛紛揣測「複製人」也為期不遠矣！長久以來，人類享受科學進步所帶來的好處，但同時也深受科學進步所帶來的威脅，例如炸藥的發明，因人類的濫用，改變了傳統的戰爭型態，殺傷力更甚於已往；核能的應用亦復如此；尤其現今複製動物的出現，許多的倫理學者與宗教家擔心未來應用在人類，將面臨嚴重的倫理道德問題，傳統的人我關係將面臨嚴峻的考驗，甚至導致人類社會的崩潰，進而引發一場浩劫；也因此，美國柯林頓政府公開宣示：禁止所有有關複製人的實驗，其他各大工業國也紛紛響應；一時之間，「複製」成了過街老鼠，人人喊打，反應出科技進步的速度實在是遠超過我們的想像，人們還沒有心理準備去接受這項科技上的突破。

　　「複製」就真的是一模一樣嗎？從字面上來看，答案似乎是肯定的；但是複製希特勒，他就一定會成希特勒嗎？我們從細胞的角度來看，雖然絕大部分的遺傳物質是存在於細胞核，但是一些胞器，例如粒線體（mitochondria），也帶有少部分的遺傳物質；因此，如果我們在做核移植的實驗時，細胞質與細胞核來源不一樣，遺傳物質就不是百分之百相同。即使是同卵雙胞胎，遺傳物質一模一樣，但後天的教養，學習機會，教育、經歷等，都會造成差異性。因此，重新複製出愛因斯坦，他可能外形相像，也可能具有天才般的頭腦，但這個複製的愛因斯坦可能只喜歡畫畫，不見得懂「相對論」；這些差異可能是生長與教育的環境不

同所致。

　　另外，有許多人認為，複製人類不只是做製肉身，也包括人的心靈，電影《丈夫一籮筐》裡的演出，所表達的正是這種概念，同時也強調複製出來的「分身」，擁有「本尊」在複製前所有的記憶、思想、和情感。但這些觀念和真正複製科技是不相干的，科學家不可能製造出已經成年動物的「分身」，遑論製造出一個成人；真正的複製是從細胞層面開始，科學家只是由成年動物取得遺傳物質，並製造出具有相同遺傳物質的個體，個體的發育成長，也是必須經由母體懷孕、出生、哺育等的過程，才能達到一個成熟的個體。也因此複製出來的人類胚胎，同樣地也是在母體內孕育，生出來的嬰兒在各方面都和一般人類無異；只是，我們不知如何去面對和自己相差數年甚至數十年的同卵雙胞胎手足，這正是引發倫理爭議的問題所在。

　　「複製」會淪為政治工具嗎？想像一個具有野心的政治家，藉由複製技術大量製造一模一樣的複製人，並組成「複製人軍隊」以遂其野心；這種情形有可能發生嗎？如果我們瞭解「複製」並不是複製成人的觀念，則這種情形發生的可能性是微乎其微，因為有那個政府有能力去迫使成千上萬的婦女做代理孕，縱使是極權主義的國家也不可能，民主國家則更不可能。況且，有野心的政治家與組成「複製人軍隊」，倒不如發展高科技武器，可能更為有效且迅速達到目的。

　　「複製人」所引發的另一個道德爭議，在於是否可以因為醫療的目的（例如：提供器官移植的來源），而去製造一個複製的個體？如果我們承認「複製人」也是一個獨立的個體，則犧牲分身（複製人）的生命去挽救本尊的生命，這顯然是不道德的；但是，若不危及生命的情況下捐贈器官，例如：骨髓移植，而能挽

救另一個生命，應該是具有正面積極的意義。

㈣「複製」的好處

撇開「複製人」所引發的倫理道德爭議，複製技術如果能與其他的基因複製技術相結合，其實能解決許多生物醫學方面的問題，最明顯也最具經濟效益的好處是複製品種優良的家畜。

1. 人類組織複製

如果要複製人類組織來進行移植，目前科學家最想複製的是骨髓（bone marrow），骨髓是製造紅血球、免疫系統的各類白血球，以及血小板的器官。許多罹患血癌的病人到了末期必須接受化學療法，把原有的骨髓細胞全部殺死，然後再植入正常的骨髓，必須找到與自己合適的人來移植骨髓，才不會產生排斥作用，最有可能的捐贈者就是病人的兄弟姐妹，然後是父母、其他的親戚。但往往很不容易找到跟自己完全合適的捐贈者，因為沒有一個骨髓是完全相同的，除非是同卵雙胞胎，所以病人還是有被排斥的危險，甚至有人在找到捐贈者，移植之後仍然死亡。前不久去世的約旦國王胡笙，就是罹患血癌，雖然進行骨髓移植，但仍逃不過死神的召喚。所以，若是能培養自己的骨髓來進行移植，安全性高且省時省力。這種生長自己骨髓的方法，就跟複製差不多。先把病人的細胞取來，把細胞生長撥到 G0 階段，依照複製羊的方法，將細胞核取出與一個去核的卵結合，使卵子接受成年細胞核，然後開始發育成為胚胎細胞，這時假如可以加入一種化學物質促使胚胎全部分化都變成骨髓細胞，那麼這些骨髓就跟病人自己完全一樣，移植時就不須擔心排斥的問題。

2.不孕婦女的新希望

　　不孕婦女進行試管嬰兒的療程時，必須使用促進排卵的藥物，使得婦女產生大量的卵子，儘可能製造出最多的胚胎來增加婦女懷孕的機會；因為不是每一個卵都能受精，也不是每一個受精卵都能很成功地發育成胚胎，即使胚胎植入到子宮後，也不能保證能順利著床發育成胎兒。所以醫生一定要儘量蒐集卵子，來增加成功的機率。對於高齡的不孕婦女，本身經藥物刺激後僅得到少量的卵子以供受精之用，如果運用複製的技術，她可以得到更多的胚胎以供植入，甚至多餘的胚胎還可以冷凍起來，留待以後使用。

3.動物的複製

　　複製的用途非常廣泛，尤其是應用在動物身上，例如可以製造出與人類相容的動物器官以供器官移植。以往醫生不從動物摘取器官來移植的原因，最主要出在無法解決排斥的問題，但是現在可以用複製的技術來克服。科學家可以拿一個豬的細胞，加入人類的基因，然後用這一種經過改裝過的細胞複製出一隻豬，這隻豬的器官對人的免疫系統而言，就像是人的器官；如此一來，這隻豬的器官就可以移植到人的身上去。

　　複製也可以使動物成為活的製藥廠，大量生產人類所需要的藥物。科學家可以將基因植入到實驗室裡培養的細胞中，然後利用這個細胞去複製出一頭動物來，例如山羊；我們只要去把羊的乳汁擠出來，從乳汁裡提煉出我們所要的藥物。

　　另一個用途是複製優良品種的家畜，一頭高產乳量的乳牛，應用複製技術可以製造出一群具有高產乳量的乳牛，大大地縮短

培育優良品種的時間。

(五)結論

生物科技發展至今，普遍存在著一個前題，都是為求提高人類的生命品質，如果說複製技術的研究，可以讓我們更進一步瞭解生命現象，也許可以進一步提升人類的醫療品質。再說科技進步的腳步太快，法律的制定只能對已存在的技術加以規範，對於新的科技突破，根本無法限制。「複製人」的研究，在普遍的社會大眾仍存有疑慮之際，適時的煞車是有必要的，因為畢竟大家還沒有心理準備去接受；然而，如果因歇斯底里地要禁止一切有關的複製研究，無疑地是畫地自限，反而有礙科學的進步；其實任何科技發展的本質並無好壞，問題在於人類對於科技如何的應用；而唯一能引導科技的發展走向正途的，是存在於人類內心的道德制約。

著名的心理學先驅佛洛依德曾經說過：「有時候，雪茄就是雪茄」；因此也可以說「科學就是科學」，但在倫理的範疇裡，有關生命的意義與生命的本質，已經不單是科學的考量。看來，桃麗的誕生並不是一個結束，而是另一個新的開始。

1. 複製人即將出現。

2. 複製羊、複製人與社會倫理

複製人的出現，對人類造成的衝擊恐怕遠超乎人類的想像。這個衝擊將改寫人類社會的所有制度和規範，從另一個角度而言他也是一種完全的毀滅和崩潰。人類必須預先設想可能的問題，

思索一套與複製人共存的社會制度。

　　複製羊的突破性成就，使美國政府面臨一個數十年來最棘手的生物倫理問題：複製哺乳動物的研究領域進步的如此神速，聯邦政府該用何種方式介入？1995 年才由柯林頓政府成立的國家生物倫理諮詢委員會，將負責提供這個問題的答案。

3.複製羊的迴響

　　⑴人類的永生可以成真。
　　⑵無性生殖的複製也有困擾。
　　　①分家產的糾紛可能會減少。有錢人不一定肯把財產分給子孫，他可以留給自己的分身用，子孫只好綁架老爸，要他分錢。
　　　②上賓館的客人，不敢像某一位胡姓藝人一樣，走的時候，把衛生紙隨意丟在垃圾桶，因為幾年後，他會在街上碰到好幾個自己的分身。
　　　③法院可能被迫關門，因為檢方收押了一位桃園縣長劉邦友命案的嫌犯「水仙」之後，發現另一個同樣的「水仙」當晚出現在 TVBS 新聞，大聲控訴，檢察官當場昏倒。
　　　④喧騰一時的「宋七力事件」和二二八事件同時平反，宋七力生日被改成國定假日，政府鄭重道歉，並宣布還他清白。

　　另外複製生物其實不算是新聞。早於 1970 年代已成功地複製出青蛙。「複製羊桃莉出生了，複製哺乳類動物成功了！」這則消息看似平平無奇，卻又何等轟動，傳媒爭相報導，且牽起連串討論熱潮。因為隨著這項複製哺乳類動物的科技突破，科學家嚴正宣告複製人類的時代已經來臨。此則舉世震驚的消息披露後，

政客、學者、宗教家等積極探討複製人類所可能引起的法律、科技、社會、道德與宗教等問題。

複製人類之利與弊

利	弊
世界上沒有更好的方法去瞭解人類基因組圖	人類乃有感情的生物，有自我的意願，他們並不是天生出來當實驗樣本的
可以製造「超級完人」，以助社會多方面發展	可以製造「超級完人」，破壞人類社會秩序
可以減少，甚至免除「白老鼠」之使用	有野心的國家可大量複製軍隊作軍事用途
複製技術運用到醫療方面，如複製細胞和組織，使醫學邁向新紀元	人若被複製，頓時變成一種財產，用作買賣，極不人道
科學家能更瞭解人類歷史的過去，如革命、創新和群黨等	當繁殖依賴了複製，人類便開始失去生殖能力；而人類亦擁有相同的基因型，再繁殖下一代時，便會出現不正常的基因交配
輪候器官移植的問題迎刃而解	當大部分的人類擁有相同的基因型後，只要一種致命的傳染病出現，便可導致全人類滅亡
可為不育夫婦提供複製嬰兒	嬰兒頓時變成一種商品

結論

絕大多數人仍覺得複製人很可怕，因複製出來的那一個「我」在我忙的不可開支時可以替我做很多事，但是那一天倘若那一個

「我」並不服從於我，又試圖控制我，那該怎麼辦？或者那一個「我」做壞事而變成我要負責，那又該怎麼辦？再加上如果人死了，用複製人來代替人的復活，這是一件非常恐怖的事，複製出來的那一個人真的就會和原來的人一樣嗎？那個複製人擁有的只不過是相同的基因卻沒有原來那個人的記憶……多可怕啊！！這樣在在違背了自然常理，用在不好的地方更可能會使生態失衡，天下大亂，所以我並不十分贊成複製人。但是我倒挺贊成優良基因繁殖，讓下一帶更好。當然是在可被允許的範圍之內。

如果利用重組 DNA 技術，將有害之生物構築後釋出，例如 Marburg agent 或 Lassa 熱病毒（Lassa fevervirus），其危險性非常高。在軍事上使用必須審慎評估，包括生理的、心理的、社會文化的多重後果。1972 年，超過一半以上之世界國家，在生物武器會議上共同簽署絕不發展「微生物或其他生物性物質、毒素」做為武器之協議，但此條約並沒有限制在防禦生物或化學戰劑之相關研究，也並未限制利用重組 DNA 技術來開創新的生物供戰爭之用，以目前之科技能力，數天即可製造出新的武器，如此恐有侵害此一會議簽署之精神之虞。

第八章

生技醫藥的研發與人體實驗的省思

The First Gift 神奇的臍帶血

臍帶血（cord blood）乃是指嬰兒出生時留存在已切斷的臍帶及分離後胎盤中的血液，大約有數十至一百多西西（c.c.）的血液，以往這些血液連同臍帶及胎盤在產後都會被拋棄。然而現在醫學研究人員發現，臍帶血中含有豐富的幹細胞，而這些幹細胞的功用可以取代骨髓移植，作為許多血液、免疫或代謝異常疾病的治療。

為什麼近幾年有這麼多人在談論它呢？因為自 1998 年人類幹細胞相關論文正式問世之後，幹細胞再次悄悄成為生命再生的另一新生機。

胎盤和臍帶血早期都被當作醫療廢棄物丟棄，其實是因為人們不瞭解幹細胞寶貴價值之故。在 21 世紀細胞療法時代來臨，幹細胞變成炙手可熱的寶貝，正因幹細胞可以發揮無窮潛力的本能，幫助人類彌補生命的缺陷，讓生命品質更完美！

臍帶血中富含「零歲」的幹細胞，是人體製造血液及免疫系統的主要來源，因而可取代骨髓移植使用。臍帶血的幹細胞又稱為萬能細胞，因為它類似胚胎一般，是「年輕」而較未分化的細胞，可以發展成不同型態之細胞或組織，做為基因療法及複製療法之用。

▌臍帶血的運用

㈠臍帶血幹細胞可以替代骨髓移植

　　臍帶血幹細胞，它是人體造血及免疫系統的主要來源，它可以取代骨髓，治療各種血液、免疫及代謝方面的三十多種疾病，例如：白血病、淋巴腫瘤、各種貧血、黏多糖症等；另外，對於癌症等病患在接受化學治療或放射線治療時被同時破壞掉的造血與免疫系統，也可藉由臍帶血幹細胞來恢復其功能。

㈡可利用幹細胞進行基因療法（Gene Therapy）

　　DNA 解碼之後，生物科技的一大熱門發展方向便是基因療法，所謂基因療法是指針對病人的基因缺陷，將正常基因或具某種特殊功能的基因植入幹細胞，而後利用幹細胞的繁殖性，製造出帶有此基因的新細胞，散播到全身。法國的泡泡兒（嚴重複合免疫缺陷症）的案例，就是利用這樣的方式治療成功。在此令人振奮的消息後，2003 年 5 月間的一個國際愛滋病學術會議上，又有報導表示利用幹細胞治療愛滋病的研究正在進行中，其方法也是將一段特殊的 DNA 植入幹細胞，這個 DNA 可製造某種抵抗 HIV 的酵素，因此改變後的幹細胞所繁殖出的新細胞也都能抵制 HIV。

　　幹細胞（stemcell）乃是建造身體所有組織、器官的原始細胞，此種原始細胞擁有不斷分裂、分化的能力。它可以變成白血

球，形成身體免疫的防衛網；變成紅血球以攜帶氧氣；也可以形成血小板，以供血液凝固時所需，甚至形成神經細胞、骨骼細胞、肝臟細胞、眼角膜細胞、胰島細胞、心肌細胞等等。

　　幹細胞的主要來源有早期胚胎、臍帶血、骨髓，及人體組織都包含有幹細胞，只是數量及活性不同。來自臍血或胚胎的幹細胞是零歲、最原始的幹細胞，因此活性也最大。至於取自骨髓或周邊血液的幹細胞，則會隨著年齡增長而數量減少、活性也逐年下降；再加上目前全世界對於胚胎的取得都還有高度爭議，相較之下，過去常被棄置的胎兒臍帶血也就變得格外珍貴。

▋臍帶血幹細胞保存

　　並非將採集完成的臍帶血直接保存，而是分離出臍帶血中所有含有造血幹細胞與間葉系幹細胞的有核細胞，經嚴密品質程序判定後，放置在液態氮儲存槽中低溫保存，作為日後細胞療法的醫療材料。目前醫學界將臨床用途開發的焦點放在造血幹細胞與間葉系幹細胞，前者是用於血液及免疫系統的疾病，而後者則是透過引導分化，用於器官或組織修復方面，此二種幹細胞之應用功能若開發完成，不但可克服目前傳統的補充療法無法治癒的疾病，更能延長人類壽命並提高生命品質，故臍帶血幹細胞的價值並非金錢所能估價，問題徵結是「細胞是活的」，保存業者能否在長達數十年的保存中，仍能維持客戶所託付的細胞具有活性的可用價值。

▌臍帶血移植的優點

1. 取得容易（免麻醉、免手術、免住院）。
2. 不會對母親及新生兒造成傷害或痛苦。
3. 較無感染性的危險（CMV 病毒）。
4. 較無移植後的組織抗原反應（GVHD），亦即較少宿主排斥現象。

▌臍帶血用途

　　一般人通常想到臍帶或胎盤，都會把它聯想到生命的源頭，而臍帶血裡的「幹細胞」，其實顧名思義也就是細胞分化過程中的源頭，它能再往下分化成身體各器官或各種特殊功能的細胞。因此，我們可以利用臍帶血幹細胞製造健康的血液細胞，用以恢復癌症病患的造血免疫功能，我們也可以利用臍帶血幹細胞培養成胰島細胞，用以治療糖尿病；臍帶血幹細胞的另一項特性是它可以被長期冷凍保存，等到需要時再取出使用。

　　近年來無論是臍帶血幹細胞的蒐集儲存、幹細胞體外培養，到移植至人體的醫療應用，其發展都相當快速。目前國內外已有無數成功的案例，而且不斷地有新的應用被開發出來，其中應用最廣的有三個方向：

1. 以臍帶血幹細胞替代骨髓移植。
2. 利用幹細胞進行基因療法（Gene Therapy）。
3. 利用幹細胞進行複製療法（Therapeutic Cloning）。

選擇臍帶血銀行五大要素

1. 擁有兩座以上的技術中心。
2. 技術中心風險管理面面俱到。
3. 具實際解凍應用案例。
4. 與國內、外單位共同研發。
5. 落實永續經營的承諾。

臍帶血用途未可限量，應推廣儲存觀念，但因自己用得上的機率並不高，需要時最大的配對機率又來自公捐機構，鼓勵社會大眾應將臍帶血捐獻給公設的臍帶血銀行，或將臍帶血捐贈給非營利的公益血庫，可促使該等機構蒐集更多的臍帶血，建立相互支援的體系，除共同累積生命科技的經驗與成果外，亦可提供更高的配對機率，促進臍帶血移植治療之發展。臍帶血儲存定型化契約各有優缺點，最受爭議的是：提領時發現已無存活幹細胞，以及臍帶血銀行永續經營之能力。為免珍貴的臍帶血在漫長保管過程中遭人為或非人為損害之虞，臍帶血銀行為產婦及嬰兒保管臍帶血之風險，宜轉向他保險人再保險，以確保損害發生時之賠償能力。另建議主管機關要求業者對其保存臍帶血之營收，提取部分固定比率作為信託基金，且該基金不可作高風險投資亦不任意提領，由主管機關將此納入管理規定，才能確保臍帶血儲存委託者之權益。臍帶血幹細胞保存在台灣還是一個很新的概念，但由於多家保存業者加入，臍帶血幹細胞保存已成為「人體器官保存項目」中的一個新興產業，業者透過媒體、文宣等不斷地宣傳，教育大眾保存臍帶血幹細胞之必要性，幾乎每個懷孕的準媽媽都因而受到各種不同程度的關懷。但是某些業者為拉攏消費

者，往往不擇手段關懷過度，致使理智型消費者感到迷惑，對保存業者產生疑問，到底要將寶寶一生才有一次採集機會的臍帶血幹細胞交給哪一家公司保存呢？所以我們應該慎選臍帶血銀行，以保障消費者權益及醫療品質。

▎可利用幹細胞進行複製療法（Therapeutic Cloning）

複製療法是指利用幹細胞（Stem Cell）複製出的細胞來修補受損的器官，或是利用複製出的年輕細胞來取代死去或受損的細胞組織，以達到抗衰老的效果。由幹細胞培養出的新神經細胞，可用以治療腦部或脊髓神經受損的疾病，例如：老年癡呆症等疾病（電影「超人」中男主角克里斯多夫李維近年來便不斷鼓吹這方面的研究）。除了神經方面的疾病外，若是將幹細胞培養成特定器官的細胞或組織，則可治療糖尿病、關節炎，或是修補肝臟、心臟、腎臟等器官方面的疾病。此外，用幹細胞培養出血管，則可望運用在心肌梗塞等疾病的治療或製造人工血管（目前為實驗階段）。

▎細胞治療是未來治病主流相關產業不可限量

目前全球各醫學研究機構無不視幹細胞為未來醫病的主流，而細胞治療在全球的產值與周邊產業結合，可達到數千億美元，工業技術研究院表示，國內的幹細胞研究目前在眼角膜、軟骨修復與肝臟治療等領域，擁有世界一流的技術與研究成果，未來將鎖定在這些專長領域發展。工研院舉行第二屆「台灣國際幹細胞論壇」，主要針對幹細胞生物科技新發展與醫療臨床應用兩大主

題進行專題演講，以及幹細胞相關研發成果壁報展，預料將帶動台灣再生醫學話題。工研院生醫中心幹細胞計畫主持人郭兆塋指出，自美國宣布成功地實驗將人類胚胎幹細胞注入脊髓癱瘓的動物，使其再度行動自如之後，醫學界掀起治療脊髓受傷導致行動不便的新傷患者的討論；另外，台灣已邁向高齡社會，醫學界尋找治療如老人癡呆症等神經退化疾病的方法已刻不容緩，而幹細胞的研究投入醫療用，將為未來再生醫學開闢新方向。根據 2003年 9 月份公布的 Jain Biopharma 報告顯示，目前全球幹細胞及相關產業的產值超過一百億美元；2005 年將近三百多億元，到 2010年合計有七百八十億元產值。若細胞治療在全球的產值與周邊產業結合，估計到 2010 年可達兩千億到四千億美元的規模，因此，幹細胞的研究前景相當看好。目前國內在幹細胞研究方面，有多家臍帶血銀行及實驗室，在保存與相關技術方面屬於世界一流水準，加上多家醫學院與醫院投入的眼角膜、軟骨修復以及肝臟與癌症治療方面的研究，在成果與技術上也名列世界前茅。

　　如果幹細胞研究發展到再生醫學，可以改變現有藥物治療、修復的方法技術，轉變以細胞治療，將成為長期有效性的方式。因此，未來國內幹細胞研究將鎖定在這幾個領域中發展，為幹細胞研究與相關產業創造更多的機會。

▌臍帶血 v.s 周邊血與骨髓比較

項目	臍帶血	周邊血	骨髓
來源	臍帶及胎盤	周邊血液	骨髓
蒐集過程	生產時由臍帶與胎盤採集	使用造血生長因子刺激捐贈者幹細胞生成後蒐集（約需5～7天）	住院手術抽取，需至少4～6個月前置準備時間（Catlin, 2000）
幹細胞的年齡	零歲	與捐贈者同齡	與捐贈者同齡
受病源污染的可能性	幾乎為零	可能性較高	可能性較高
幹細胞含量	最多	較少	其次
幹細胞體外增殖能力	較高	較低	較低
接受者產生之排斥反應	較少（臍帶血自體保存自體移植者，無排斥反應）	排斥反應為移植後主要問題之一	排斥反應為移植後主要問題之一
對捐贈者的副作用	無副作用	造血因子刺激後之副作用尚未知	手術麻醉的危險及麻醉消退後之身體不適與疼痛
捐贈者意願之影響	無捐贈者配合之困難	可能面臨捐贈者臨時退縮之窘境	可能面臨捐贈者臨時退縮之窘境

幹細胞現階段治療及研究領域

Euan 氏症候群（Evans Syndrome）	Fanconi 氏貧血（Fanconianemia）
Kostman 氏症候群（Kostman Syndrome）	鐮形細胞貧血（Sickle-cell Anemia）
地中海性貧血（Thalassemia）	代謝異常（Metabolic Disease）
腦白質腎上腺營養不良症（Adrenoleukodystrophy）	澱粉樣變性（Amyloidosis, AL）
巴爾——巴球症候群（Bare-lymphocyte syndrome）	先天性角化不良（Dyskeratosis Congenita）
家族性噬紅血球性淋巴組織細胞增生症	Gaucher 氏疾病（Gaucher's Disease）
Gunter 氏疾病（Gunter's Disease）	Hunter 氏症候群（Hunter Syndrome）
Hurler 氏症候群（Hurler Syndrome）	遺傳性神經元蠟樣脂褐質沉著症
Krabbe 氏疾病（嬰兒遺傳性腦白質萎縮）	Langerhan 氏細胞組織細胞增生症
Lesch-Nyhan 氏疾病（Lesch-Nyhan Disease）	骨質石化病（Osteopetrosis）
自體免疫疾病（Autoimmune Disease）	多發性硬化症（Multiple Sclerosis）
風濕性關節炎（Rheumatoid Arthritis）	紅斑性狼瘡（Systemic Lupus Erythematosis）
免疫功能缺陷類病變（Immunodeficiencies）	惡性腫瘤（Malignancies, Cancers）
急性淋巴細胞性白血病（Acute Lymphocytic Leukemia, ALL）	急性骨髓性白血病（Acute Myelogenous Leukemia, AML）
急性非淋巴細胞性白血病（Acute Nonlymphocytic Leukemia, ANL）	慢性淋巴細胞性白血病（Chronic Lymphocytic Leukemia, CLL）

慢性骨髓細胞性白血病（Chronic Myelocytic Leukemia, CML）	年輕型骨髓單核細胞性白血病（Juvenile Myelomonocytic Leukemia, JML）
骨髓發育不良症候群（Myelodysplastic Syndrome, MDS）	何杰金氏病（Hodgkin's Disease）
非何杰金氏淋巴瘤（Non-Hodgkin's Lymphoma）	腦瘤（Brain Tumors）
多發性骨瘤（Multiple Myeloma）	實體性腫瘤（Solid Tumor）
Ewing 氏肉瘤（Ewing Sarcoma）	生殖細胞腫瘤（Germ Cell Tumors）
神經母細胞瘤（Neuroblastoma）	卵巢癌（Ovarian Cancer）
小細胞性肺癌（Small-Cell Lung Cancer）	睪丸癌（Testicular Cancer）
血液疾病（Hemoglobinopathies and Blood Disease）	巨細胞球缺乏性血小板減少症
再生不良性貧血（Aplastic Anemia）	Blackfan-Diamond 氏貧血（Blackfan-Diamond Anemia）
先天性血球細胞缺乏症（Congenital Cytopenia）	

(一)成人白血病患使用臍帶血幹細胞移植

　　一位罹患白血病的病患，首度在英國接受嬰兒臍帶血幹細胞的移植，這將為許多無法尋找到適合骨髓的病患，找到一線希望。

　　史提夫‧納斯，三十一歲，估計大約只剩幾個月的壽命，現在接受了臍帶血幹細胞移植之後，重獲新生。

　　在紐克斯有一個移植小組，使用從臍帶和胎盤當中的幹細胞進行移植治療。在過去，這種治療方式用於孩童血液方面的疾病，這次是首度將這種治療方式用在成人身上。

　　「這種感覺真的不可思議，一個小男嬰或是一個小女嬰在某個地方出生，而且他／她救了我的生命。」納斯說道「無論他或她身在何處，我真的非常感激他們。臍帶血移植給予我一個新的生命，我感到非常高興，而且對於未來充滿信心。」

　　直到目前為止，臍帶血所能蒐集到的量有限，所以導致無法使用於成人身上，因為移植之後，只有微量的幹細胞能生長成新的骨髓。

　　在紐克斯醫院血液科史提芬‧波特教授及他的移植小組是使用七個寶寶的臍帶血移植到納斯體內進行治療。

　　納斯在 2000 年 11 月被診斷罹患白血病，在經過化學治療後同意進行手術。他說「在藥物治療失敗時，使用臍帶血內的幹細胞進行治療卻是成功的。」

　　「雖然移植治療並不是唯一的選擇，但是看起來，卻是我最後的選擇。當醫生第一次說明給我聽的時候，我覺得聽起來很不可思議；一個新生的寶寶可以拯救我的生命！這讓我覺得難以置信！」

　　納斯於 2 月時接受治療將體內的骨髓細胞殺光光，接著將臍帶血幹細胞注入體內，15 天之後，幹細胞開始生長出新的骨髓。

　　經由最近所做的檢查發現，注入納斯體內的臍帶血幹細胞已經長出新的骨髓。這項移植手術將他的血型變成跟那位小寶寶的血型一樣，由A型變成O型，而且他也獲得了小寶寶的免疫系統。

　　波特教授說道「這次移植手術的效果比我們想像的還要好，這將為三分之一無法找到配對成功骨髓的白血病患者帶來無限的希望。」

㈡臍帶血蒐集與儲存的運作流程大致上分為二階段

　　第一階段：是由產婦告知臍帶血銀行及接生醫師，臍帶血銀行隨即提供完整的蒐集器材。

　　第二階段：是產婦生產時由接生的醫師或指定的專業人員蒐集新生兒的臍帶血，於四十八小時內送達臍帶血銀行，進行處理篩檢程序後，密封於零下一百九十六度的液態氮容器中冷凍保存。臍帶血蒐集方式：為避免臍帶血凝固並保持細胞的活性，臍帶血最好在胎兒產下後的十分鐘內採集。採集可由專業訓練過的醫師、護士或技術員負責。其中無菌操作技術是最關鍵的一環，而臍帶血銀行採用「雙鋁環」密封法，將管子百分之百密封，加上「三血袋」完全密封式系統更能防止臍帶血污染，因為一旦病人輸入汙染的臍帶血，很快就會引起感染發燒，甚至於死亡。臍帶血儲存已採集的新生兒臍帶血，必須在四十八小時內送達臍帶血銀行，這段期間內溫度必須維持在攝氏十六至二十五度之間，送入臍帶血銀行後立刻進行檢測，並確定血液沒有受到感染，符合儲存標準後，密封於零下一百九十六度的液態氮容器中冷凍保存。

▌人體實驗的省思

　　生物科技中最高境界就是器官移植，所以這種新技術又稱組織工程。器官移植是醫界長久以來，所面臨最大挑戰，為了讓病人存活下去，器官移植的醫療技術因而誕生，可是因為器官的來源有限，因此大多數需要器官移植的病人，都因等不到適當的捐

贈者而離開人世。所以醫生在病人還沒等到器官移植之前，已發展出人工心臟、人工腎臟、人工角膜……等等來延續病人之生命，而可繼續等待器官的移植。一個疾病、受傷或壞掉組織的換置是醫學界的夢想，而要完成它，必須要面臨三大的挑戰：(1)移植後必須維持它的正常功能性；(2)受贈者及所移植物在手術過程中必須存活著；(3)受贈者的免疫系統要對抗移植物的排斥作用。所以捐贈者和受贈者間有遺傳的差異，所以會造成排斥性，因為移植的實體是同種但個體是不同種，而產生免疫系統的反抗，所以在移植前對受贈者和接贈者的各種基因來作比對，找出最適當的，然後再作移植，移植後成功要吃抗排斥藥來抑制移植排斥。當然如果是親屬捐贈的器官，而它的排斥性會降低，成功比率更高，所吃的抗排斥藥會比較少，因為遺傳性比較相近的關係。例如：活體移植和親屬死亡捐贈目前都有90%以上的成功率。

　　國內器官捐贈風氣未興，器官來源嚴重不足，因為中國人有一個傳統，死要留全屍，所以很難得到一些腦死家屬或意外死亡家屬的認同，不僅出國「換」器官的病人愈來愈多，每年有捐贈意願者少之又少，而死刑犯僅個位數，也成為醫界錙銖必較的器官來源。中華民國移植醫學會理事長、長庚醫院移植小組召集人鄭隆賓則指出，對於有意捐贈器官死囚的遺愛，實在沒有設限理由。也很不幸的是，因為醫學教育的欠缺，現階段醫護人員在這方面能提供的幫忙很有限。不管科學如何進步，總有其極限，而有探索生命特權的醫師，也始終要面對生死的問題。能面對生死問題，而有自己想法的醫生，才算是一個完整的醫生。希望台灣醫學界能正視、重視這個問題，才能避免我們的病人在孤立無助中帶有遺憾的去世。

　　鄭隆賓有感而發的指出，台灣器官移植最大的瓶頸就是器官

來源不足。以衛生署的生命統計資料，假設每年意外死亡三千人，最保守估計取十分之一器官仍可用，扣除五分之一的Ｂ型肝炎帶原率，國內每年應至少有二百四十個病人可以作為捐贈來源。但比對中華民國器官捐贈協會最新的統計資料，民國八十九年台灣地區腦死器官捐贈總人數九十三人，顯示很多的可用器官並沒有被充分利用。以致於等待器官的六千名病患中，每百人中只有三・二人有機會等到。鄭隆賓強調，上述種種凸顯國人對捐贈器官心態仍然保留。供需失衡下，逼得許多患者出走大陸換腎、換肝。由於大陸醫療水準參差，走著去、扛回來的病例時有傳聞。而就算對岸技術有進步，仲介器官、甚至詐財的情形愈來愈嚴重，衍生的相關問題也亟待主管機關面對。

　　所謂器官衰竭是指器官功能惡化到無法恢復的病態。器官實質一經破壞，醫學也沒有修復或增進復原的技術。現代醫學的對策是把器官摘除並移植給病人，病人的生命可以重生。器官移植已成為一種拯救生命的方法，目前，移植醫學手術的技巧已不是無法克服的極限，但是，器官短缺一直是移植的一大瓶頸，如果沒有捐贈的器官就沒有移植的來源。每個移植器官的決定性都有其偉大的人道價值：就是將自己身體的一部分以無償的方式給予需要健康的人。相信器官捐贈的推行，就整體而言，國家醫療費用支付會節省很多，既幫忙移植外科醫師，也幫助了病人，又幫助了健保局，成為多贏的局面。移植是科學造福人群的一大步，有很多人因器官移植而延長生命並添加色彩。

　　器官移植中移植最困難的是心臟，如果心臟移植失敗就是失去生命，而腎臟移植失敗，病人可以回去洗腎。所以在心臟移植前醫生都會叫病人先吃新體陸（指環孢靈）而增加成功比率，主要是在移植後的最初幾個月阻止因感染或急性排斥引起的死

亡。因此在 1979 年之後，心臟移植成功比率增加，預估手術後可以活 10 年之久。其他的移植，例如：肝臟、腎臟、胰臟及肺臟都在手術前都要吃環孢靈，增加成功比率。

抗排斥藥隨著科技進步，藥已逐漸減少中，例如：現在換腎者可以不必再吃類固醇，改用美國新藥（F），通常來說只有親屬（兄弟姐妹）捐贈腎給自家人可以免除吃類固醇，其他患者均要吃，所以許多台灣醫生不太同意這種做法，所以醫生很少使用新藥。活體捐腎移植的器官品質最好，發生排斥的機率更低，所以可以使用較低量的免疫抑制藥物，發生感染的機會也因此較低，10 年使用率可望達八成。所以，台灣的腎臟移植何處去？在親情與愛心。移植中最為普遍的是腎臟移植，但許多等待換腎的患者，對移植認知不足或存有不合理的期待，多以為只要換腎，所有病痛便可迎刃而解。事實上選擇腎臟移植的患者若手術前不能先將磷、鉀離子控制好，往往會影響腎臟移植的預後；而手術後因需長期服用環孢靈這類抗排斥藥物，部分患者也可能出現尿酸、血壓偏高的情形，故要特別強調飲食控制，要避免高普林、膽固醇和高油脂飲食。所以由此可知，想做器官移植手術的患者，除了術後確實服用抗排斥藥物及定期回診追蹤外，日常飲食作息也有許多必要特別注意遵守的地方。

國內器官來源嚴重不足，器官捐贈協會（90 年 5 月 23 日）透露，儘管填具器官捐贈卡的民眾已高達四十萬人，但至今還沒有一例經此完成捐贈，該會將向交通部爭取在駕照背面增列器官捐贈意願欄，並推動國民卡或健保IC卡內能加註器官捐贈項目。要是開放五等親可以活體捐贈器官，也只能解決極小部分的問題，最重要還是應打開國內器官捐贈風氣，並暢通器捐管道，才能徹底解決問題。根據統計，國內等待換腎的病人高達二萬多

人，等待移植心臟、肺臟、肝臟者，也有幾十人到上百人。而國內每年因為車禍等事故死亡的人數有四、五千人，且多為年輕力壯者，這些腦死病人若都能捐出器官，不僅已足以拯救需要器官移植救命的病人，甚至還「綽綽有餘」。歐美的器官捐贈卡多已加註在駕照背面，具有法律效力，過去器捐協會曾向交通部極力爭取，但都被以不符國情駁回，希望在陳希聖事件後，相關主管機關重新考量。台大醫學院泌尿科教授賴明坤也認為，國內腦死判定標準也應儘早放寬，目前衛生署已承諾讓原本由神經外科及麻醉科醫師才能判定腦死的限制，放寬為內、外科醫師及受過腦死判定講習的醫師皆有資格。另外，美國也有一條「Equired Request」條例，規定醫院在判定病人腦死時，醫護人員須向家屬詢問是否願意讓腦死的親人捐贈器官，國內應該也要學習，以增加器官捐贈率。

▍結論

　　放下傳統「全屍」的觀念，每年約有一百位器官捐贈者，讓隨時面對死亡的病患重燃生機，台灣擁有二千多萬人口，目前卻只有四十萬人擁有器捐同意卡，仍有推廣空間，因此，亦盼經由人文關懷到醫療專業照護，作為推廣器官捐贈的種子，達到尊重生命分享真愛的精髓。從民國76年，人體器官移植條例公布實施後，十餘年過去，一路走來，台灣器官移植最主要的困境，還是捐贈者的不足。台灣有不輸歐美先進國家的移植技術與術後存活率，可是美國每年六萬個等待器官移植的病例有30%的機會，也就是有二萬多人能接受器官移植；而台灣地區等待器官移植的五千人中，近兩年來，每年大約只有 4%的機會，大概是二百人有

機會能受惠。

　　如何提升器官捐贈的風氣呢？(1)醫院推廣器官捐贈最重要是志工的力量。(2)對生命的尊重是促使醫學進步的原動力：中國人的全屍觀念、國人冷漠的心態、醫界的參與感、活體器捐的親等限制，以及腦死判定醫師資格的限制，都要突破，例如，腎臟捐贈，以腹腔鏡手術取腎，應為醫學未來推廣發展的技術，如此，才能鼓勵活體親屬捐贈。另外，器捐協會理事長賴明坤對慈濟的大捨堂與助念堂印象深刻，他指出，對生命的尊重，才是促使醫學進步的原動力。(3)腦死的宣布是器捐的第一步：至於器官捐贈最大的阻礙，並不是家屬不同意，而是醫師警覺心不足。台大外科加護病房主任柯文哲強調，醫師要勇於承擔病人腦死的情形，主動並告知家屬可以選擇回家、自然死亡或是器官捐贈，提供訊息，讓家屬自己決定，才是最良善的處理方式。所以，腦死的宣布是器捐的第一步。神經科主任曹汶龍說明腦死判定的法則，腦死、安樂死與植物人三者之間的不同，腦死是腦幹功能喪失，雖然仍有心跳與呼吸，但在二週內會完全死亡；而安樂死則是一種致死方法，讓病人在不痛苦下終結生命；植物人是大腦皮質受損，腦幹功能正常，會有睡眠與清醒週期，照顧好的話，可活幾十年以上。

▌事實例子：移植肝腎兩病人珍惜新生

　　台灣器官捐贈者在89年2月1日達到有史以來的最低，器官移植來源不足，同時移植兩個器官更是難能可貴，幸運的張同學和楊先生獲得肝臟及腎臟捐贈獲得新生，不再輕言放棄生命，他們說，再活下來，要加倍珍惜自己。十七歲正值花樣年華的張同

學說，去年她住進台大醫院時每隔一天就要洗一次腎，每次一想到要洗腎就沮喪不已，不知道這樣的日子要過多久，也不知道什麼時候可以換到器官，曾經一度想要自殺算了。在肝腎移植前，張同學的朋友同學都對她很好，可是她們上體育課遊玩時，張同學只能在一旁看，無法融入其中，最後身體狀況愈來愈差，不得不休學兩年。1 月 6 日的換肝換腎手術非常成功，現在張同學說她會努力把身體養好，目標是 9 月時回到學校上課，學習很多東西，以後能夠留學看看世界。張同學是台大醫院同時肝腎移植的第二個成功病例，3 年前手術的楊先生是第一個病例，當時他罹患猛爆性肝炎，導致肝腎功能衰竭而必須進行肝腎移植。今年五十一歲的楊先生說，手術後他的身體狀況正常，抽血檢查肝功能比同年齡的人還好，惟一不同的是手術後容易疲倦，因此有近一年的時間在家休養，現在生活回到正常。楊先生說，再活一次，他會加倍珍惜得來不易的重生，他向張同學打氣，要好好的珍惜自己，才是對器官捐贈者最好的報答。

　　所以人的一生中有許多的挫折，我們要勇敢的去面對它和擊敗它，人的財富不是錢而是健康，只要身體健康要做什麼都可以去做，對於現在還在生命關頭努力的人，為他們加油和打氣，也希望台灣的器官捐贈風氣能從此盛行，以拯救更多人的生命。

　　目前器官供需問題相當嚴重，近年來台灣地區捐贈器官人數每年平均大約一百名，請見下圖：

台灣地區器官捐贈統計表

年份	腎臟	心臟	肝臟	肺臟	胰臟	捐贈人數
76	49	4	0	0	0	64
77	70	2	0	0	0	80
78	47	2	1	0	0	76
79	74	5	4	0	0	89
80	131	15	10	0	0	113
81	141	17	11	0	0	115
82	118	32	10	0	0	108
83	109	31	7	0	0	91
84	87	28	17	3	5	73
85	92	43	17	10	1	91
86(1-6)	76	31	10	7	0	73

　　台灣器官捐贈比率是人口的百萬分之五，遠少於西班牙的百萬分之二十七及美國百萬分之二十三。

.

第九章

由宗教觀點探討生物科技與人文的結合

◎星雲大師曾云：「所謂基因；其實也是業障」。

◎科學家們目前似乎均扮演著上帝或神的角色，以改造基因而言，不啻改變因果關係。

◎唯覺老師父：「無與空」的境界與生物技術之無性生殖之無中生有似有雷同之處。

◎佛法的觀點：即是不預設立場，凡是有益於社會大眾的意見或是科技，便可看做佛法—尊重各方專業人士的看法，包容、讚美、歡喜、接受，將解決問題的視野擴展，從各自的定見及成見中抽離出來。

◎佛陀云：「菩薩道當從五明中學」，五明：包羅了印度當時一切學問和技術——語言音韻學、思辨論理學、醫療衛生學、工藝科技學、大小乘佛學，稱之為聲明、因明、醫方明、工巧思、內明。菩薩為了度化眾生必須深入世間才有機會淨化世間，「華嚴經，入法界品」所示的善財童子五十三參，就是拜訪了五十三位各種身分行業的善知識，雖其各人的形像不同，卻又是大菩薩的示現，因此生物科技與人文科技若能以佛法作為出發點來運用一切法，一切法皆可成佛法。

◎陳維昭（前長庚醫學院院長）：「提升人的品質，建設人間淨土」，是各級教育或是科技所追求的最高目標。人間佛教則是將佛教智慧融入現代人生活中，或是利用科技或人文的關懷，來幫助人除憂解困。

◎千般煩惱化菩提：證嚴法師：這個世界並沒有一定的真理，今天看是對的，明天可能就是錯的，同樣的話對這個人說對，對那個人說也許就是錯，這是因緣。因緣隨時變化，堅持某一道理，便背負了思想的包袱。所謂真理，往往是

個人的執著。

◎佛法講因緣，不把任何人視為十惡不赦，畢竟沒有人生來即是惡棍。

◎救人還是創造業績——現代醫師：活的辛苦，活的害怕。實驗上不免見刀、見血，實驗該不該繼續下去?發誓做醫生時，是要救病人的命，若是去創造業績就等於要製造病人，違背了當醫生的初衷。佛法說一切唯心，存善心，得善的果報；存惡心，得惡的果報。但是善與惡如何判斷?需以專業知識做正確的判斷，再進行準備最充分的醫療行為，即沒問題，也不要覺得害怕！

◎證嚴師父：「無緣大慈，同體大悲」。

◎佛法說：「一切唯心造」，如果我們的心轉變，環境也會跟著轉變。「化危機為轉機」。人需要宗教，因為宗教相信有未來。

◎人生的體驗和修養畢竟都得靠歲月來累積。透過文學家的思想，科學家的實踐，宗教徒的信仰，使能美化與祥和社會。

◎小故事啟示：一個號稱有神通的朋友來看我，猜我手裡握了什麼，他說：「你的左手有一張鈔票」我打開左手給他看什麼也都沒有，再打開右手，手中有幾個銅板。他連說不可能，「我真的看見你左手握著鈔票呀。」其實很簡單，因為當他在猜的時後，我心裡一直想我左手有一張鈔票，而他感覺到的是我發出的暗示。前世、今生毫無意義，活在當下。神通與科學也是有相關性，因為人的大腦的左邊核所釋放的激素確實會激發潛能與神經科學是有科學上的驗證的。所以研究任何學理到最高層的境界就會探討到與

宗教的關係且有密不可分的關係存在，宗教實是當下結合科技與人文且在上述一些章節中都概括提過相關性的基本訊息，科技最高極限是無極，仍然離不開以宗教觀念來做省思的議題！

第十章

奈米生物科技的探討

　　奈米（nanometer）是一個長度的單位。1 奈米＝十億分之一米（10^{-9} meter），約為分子或 DNA 的大小，或是頭髮寬度的十萬分之一。奈米結構的大小約為 1～100 奈米，即介於分子和次微米之間。在如此小的尺度下，古典理論已不敷使用，量子效應（quantum effect）已成為不可忽視的因素，再加上表面積所占的比例大增，物質會呈現迥異於巨觀尺度下的物理、化學和生物性質。以無人不愛的黃金為例，當它被製成金奈米粒子（nanoparticle）時，顏色不再是金黃色而呈紅色，說明了光學性質因尺度的不同而有所變化。又如石墨因質地柔軟而被用來製作鉛筆筆芯，但同樣由碳元素構成結構相似的碳奈米管，強度竟然遠高於不銹鋼，又具有良好的彈性，因此成為顯微探針及微電極的絕佳材料。奈米結構除了尺寸小之外，往往還擁有高表面/體積比、高密度堆積以及高結構組合彈性的特徵。所謂的奈米科技便是運用我們對奈米系統的瞭解，將原子或分子設計組合成新的奈米結構，並以其為基本「建築磚塊」（building block），加以製作、組裝成新的材料、元件或系統。因此，在製程的觀念上，奈米科技屬於「由小作大」（bottom up），與半導體產業透過光罩、微影、蝕刻等「由大縮小」（top down）的製程相當不同。

　　奈米科技涵蓋的領域甚廣，從基礎科學橫跨至應用科學，包括物理、化學、材料、光電、生物及醫藥等。例如奈米科技專家利用一種一端呈輪狀的合成酵素來驅動微型螺旋槳，製造出大小僅十幾奈米的分子馬達，成為分子機械上的一大突破。又例如 IBM 已成功地採用半導體碳奈米管製成場效電晶體，並進一步製作出單分子邏輯閘，是為分子電子學上的一大進展。

　　在產業方面，奈米科技已經被公認為 21 世紀最重要的產業之一。從民生消費性產業到尖端的高科技領域，都能找到與奈米科

技相關的應用。例如有名的「蓮花效應」（lotus effect）是指荷葉由於表面的奈米結構，因而具有抗水防塵的自潔功能，這個特性能用來改善高科技的戰機雷達天線罩，也可以運用來生產自潔玻璃及奈米馬桶等民生用品。

總之，人類文明在歷經前兩個世紀的機械、電子乃至於資訊科技所帶來的工業革命，第四次工業革命的腳步儼然已隨著奈米科技的興起而到來，且由於其涵蓋領域甚廣，潛在的影響範圍遠超過半導體資訊產業，因此目前世界各國無不競相投注大量的人力與資金進行相關的研究開發。

▋光子能隙

早在半個世紀前，物理學家就已經知道，晶體（如半導體）中的電子由於受到晶格的週期性位勢（periodic potential）散射，部分波段會因破壞性干涉而形成能隙（energy gap），導致電子的色散關係（dispersion relation）呈帶狀分布，此即眾所周知的電子能帶結構（electronic band structures）。然而直到西元 1987 年，E. Yablonovitch 及 S. John 才不約而同地指出，類似的現象也存在於光子系統中：在介電係數呈週期性排列的三維介電材料中，電磁波經介電函數散射後，某些波段的電磁波強度會因破壞性干涉而呈指數衰減，無法在系統內傳遞，相當於在頻譜上形成能隙，於是色散關係也具有帶狀結構，此即所謂的光子能帶結構（photonic band structures）。具有光子能帶結構的介電物質，就稱為光能隙系統（photonic band-gap system，簡稱 PBG 系統），或簡稱光子晶體（photonic crystals）。

▌自然界中的例子

　　光子晶體雖然是個新名詞，但自然界中早已存在擁有這種性質的物質，盛產於澳洲的寶石—蛋白石（opal）即為一例。蛋白石是由二氧化矽奈米球（nano-sphere）沉積形成的礦物，其色彩繽紛的外觀與色素無關，而是因為它幾何結構上的週期性，使它具有光子能帶結構，隨著能隙位置不同，反射光的顏色也跟著變化；換言之，是光能隙在玩變彩把戲。

　　在生物界中，也不乏光子晶體的蹤影。以花間飛舞的蝴蝶為例，其翅膀上的斑斕色彩，其實是鱗粉上排列整齊的次微米結構，選擇性反射日光的結果。幾年前，科學家發現澳洲海老鼠的毛髮也具有六角晶格結構，為生物界的光子晶體又添一例。

▌人造多層系統

　　事實上，在三維光子能帶結構的概念尚未問世前，層狀介電系統——即一維的光子晶格——已被研究多年，電磁波在該系統中的干涉現象早已應用在各種光學實驗中，做為波段選擇器、濾波器或反射鏡等。例如光學中常見布拉格反射鏡（Bragg reflector），乃是一種四分之一波長多層系統（quarter-wave-stack multi-layered system），說穿了就是簡單的一維光子晶體。

　　儘管如此，這方面的研究卻停留在一維系統的光學性質上，物理界一直未能以「晶格」的角度來看待週期性光學系統，也因此遲遲未將固態物理上已發展成熟的能帶理論運用在這方面。一直到了 1989 年，Yablonovitch 及 Gmitter 首次嘗試在實驗上證明三

維光子能帶結構的存在，該實驗雖然功虧一簣，但物理界已注意
到其潛力，於是開始大舉投入這方面的研究。

㈠第一個絕對能隙

　　Yablonovitch 及 Gmitter 在實驗中採用的週期性介電系統是在
三氧化二鋁（Al_2O_3）塊材中，按照面心立方（face-centered cubic,
fcc）的排列方式鑽了將近八千個球狀空洞，這些空洞即所謂的
「原子」，如此形成一個人造的巨觀晶體。三氧化二鋁和空氣的
介電常數分別為 12.5 和 1.0，面心立方的晶格常數是 1.27 公分。
根據實驗量得的投射頻譜，所對應的三維能帶結構絕對能隙（ab-
solute gap）位於 15GHz 的微波範圍，寬度約有 1GHz。
　　遺憾的是，理論學家稍後指出，上述系統因對稱性（symme-
try）之故，在 W 和 U 兩個方向上並非真正沒有能態存在，只是
該頻率範圍內的能態數目相對較少，因此只具有虛能隙（pseudo
gap）。
　　兩年之後，Yablonovitch 等人捲土重來，這回他們調整製作方
式，在塊材上沿三個夾 120 度角的軸鑽洞，如此得到的 fcc 晶格
含有非球形的「原子」，終於打破了對稱的束縛，在微波波段獲
得真正的絕對能隙，證實該系統為一個光子絕緣體（photonic in-
sulator）。
　　發展至今，無論是理論上或實驗上都已有大量的成果出現：
在三維方面，光子能隙已在許多晶格結構不同的系統如面心立
方、體心立方（body-centered cubic）及其他準晶格（quasi-crys-
tal）結構中觀察到；在二維方面，三角（triangular）、四角
（square）、蜂巢（honey comb）及其他晶體結構也被證實具有光

能隙的存在。

㈠缺陷：一線生機

　　雖然只有完美的光子晶體才可能擁有絕對能隙，但就應用的角色來看，科學家對不完美的光子晶體更感興趣，原因就是雜質態（impurity state）。實驗發現，在二維或三維的光子晶體中加入或移去一些介電物質，便可以產生雜質或缺陷（defect）。

　　與半導體的情況類似，光子系統的雜質態也多半落在能隙內，這使原來為「禁區」的能隙出現了「一線生機」。能隙帶給人類侷限電磁波的能力，而雜質所提供的一線生機則使我們有導引電磁波的可能，這點在光電上極具應用價值。因此，在光子晶體相關領域內，雜質態是個重要的研究課題。

　　對於一個雜質態而言，由於雜質四周都是光子晶體形成的「禁區」，電磁波在空間分布上只能侷限在雜質附近，因此一個點狀缺陷（point defect）相當於一個微空腔（micro-cavity）。如果接連製造幾個點狀缺陷，形成線狀缺陷（line defect），電磁波便可能沿著這些缺陷傳遞，就相當於一個波導（waveguide），甚至有人以它設計成光子晶體光纖（photonic crystal fiber）。以上只是雜質態在光電方面的幾個應用，在後面的章節中還會做更深入的分析。

㈡光學界的「半導體」

　　由於雜質態可以藉改變雜質的大小或其介電常數而加以調整，因此只要設計妥當，我們便可按需求製造出具有特定能量或位於

特定空間的雜質態，與半導體藉由摻入雜質來調整載子性質非常相似。因此，光子晶體又經常被比喻成未來光學界的「半導體」。

　　以上是光子晶體的發展及特性的簡介。接下來我們將透過電磁學與固態物理的語言，深入探討光子能帶結構形成的原理及其特性。光子晶體最吸引人的條件之一，是它提供了人們按自己的需求，以人工方式設計、裁製訂作（taylor）光學系統的可能性，因此，我們有必要瞭解一下光子晶體的製造。現行的幾種主要製造方法，無論是「由大縮小」（top-down）或是「由小做大」（bottom-up），都各有它們的優點與限制。

　　由於實驗上製作光晶體頗為費事費時，理論方面的模擬計算就顯得格外重要。除了輔佐實驗外，理論計算本身也是研究光子晶體的重要一環，不論是數值或解析上的計算結果，對於改良甚至設計新系統都有不可或缺的貢獻。

　　探討的光子晶體所帶來的物理新現象及可能的應用。光子晶體由於提供了操控光的能力，因此光電工業對它特別感興趣，許多相關應用也紛紛被提出來，雖然目前實際的應用還有限，但隨著科技的加速發展與知識的累積，或許在不久的未來，我們就能目睹「積體光路」（integrated optical circuits）的實現。

第十一章

生物晶片

　　目前所稱的生物晶片並未有明確的定義與分類，一般而言是泛指應用半導體策略以矽晶片、玻璃或高分子為基材，以微小化技術整合微機電、光電、化學、生化、醫學工程及分子生物學等領域，用以執行醫療檢驗、環境檢測、食品檢驗、新藥開發、基礎研究、軍事防禦、化學合成等用途的精密微小化設備。

㈠生物晶片起源

　　生物晶片一詞源於 1980 年代，應用生物分子於電腦晶片上，接下來一個重要的發展是 Manz 及其伙伴在 Ciba Geigy 發展出第一件 uTAS（micro total analytical system）。進一步則是由 Affymax（Affymetrix 的母公司），應用半導體中光化學技術，合成寡核酸陣列。另一個重要的進展，是由賓州大學和 Lawrence Livermore 實驗室所發展出的微小 PCR 反應器。

㈡生物晶片種類

　　依照其特性可粗分為下列三大類：

1. 基因晶片（gene chip, DNA microarray）

　　基因晶片是指以共軛互補的核酸為探針，整齊的排列在晶片上，用以和具有互補序列的核酸片段產生雜交結合，藉此進行樣品檢驗或環境檢測等，在此網站上探針的定義是指被固定在晶片材質上的核酸片段，而標的則是指在溶劑中游離之核酸片段。依照晶片上探針種類又可分成：

　　(1)寡核酸陣列（oligonucleotides microarray）。

⑵互補核酸陣列（cDNA microarray）。

2.晶片實驗室（lab-on-a-chip）

整合若干微管道及微反應器於一塊晶片上，以完成各種樣品處理、反應或分析檢測，功能類似一個實驗室之縮影。

依其功能可分成：

⑴ PCR 晶片（PCR chip）。

⑵毛細管電泳晶片（capillarylectrophoresis chip）。

3.蛋白質晶片（protein chip）

以蛋白質為生物探針，整齊的排列在晶片上，進行抗原─抗體免疫反應，用以檢測蛋白質。

㈢生物晶片

根據統計，生物晶片是生技業中的明星產品，2001 年的產量可達一百萬顆，產值達一億美元，但預估到了西元 2002 年產量將可暴增至五億顆，產值可達三十億美元，成長率高達三十倍。全球生物晶片在 1995 年展開研發熱潮，美國挾基因發展與半導體產業成熟獨步全球，生物晶片產業初期在美國即有二百餘廠家投入此熱潮，至目前為止，有二十家具大型規模。

DNA晶片對於生物科技產業的發展可媲美當年亨利福特所組織的汽車生產線對汽車工業的大革命，或是類似半導體對於電腦工業的革命性發展。總之，DNA晶片是結合生物、電腦、機械等領域的研究人員所發展出來的最新生物科技，因此帶動了人類基因功能的自動化分析。DNA晶片對於基因的檢測具有快速分析、

準確率高以及可以同時大量檢測基因的優點，因此改變了從前研究人員終其一生只鑽研一種基因的研究方式。

　　DNA晶片的原理是將數千或數萬點（spot），單股的DNA又稱探針（probe），主要有兩種來源：核甘酸 oligonucleotide 和已經存在於基因庫中的互補核甘酸 cDNA。以高密度的方點製在拇指般大的晶片上，其材料可能為玻璃片或是尼龍薄膜。方法之一的寡核甘酸晶片主要是由Affymetrix（位於加州的Santa Clara）這家生技公司所製造。他們主要是利用 DNA 的 A、T、C、G 四種鹼基，用類似築摩天高樓的方式，一個個不同的組合，築上約20～25 個（層）寡核甘酸。方法二的互補核甘酸的晶片主要是利用從病人的檢體或是其他的生物體抽取出的已知的互補核甘酸，然後將這些互補核甘酸點在晶片上。

　　不同的生技公司用不同的方法將這些互補核甘酸點上去，各有其優缺點，例如：Incyte 公司利用細斜狀（pin）將極其微量的互補核甘酸點上，或 Rosetta Inpharmatics 公司利用 inkjet 的方式去點互補核甘酸。最後將所欲偵測之樣品與晶片進行雜合作用（hybridization），之後再由探針（probe）上之標幟物（例如：螢光、放射物質、酵素呈色等）進行電腦掃描以及資料分析。

　　除了DNA以外，蛋白質（proteins）、抗原（antigen）、抗體（antibody）也可以放在晶片上，因此許多生物晶片公司正在用他們研發出來的產品去實行範圍廣大的研究。

㈣生物晶片的應用

　　DNA晶片的應用範圍廣泛，可應用於細胞生化學的研究及疾病診斷上等等。（例如：癌症腫瘤學上的臨床診斷或者在各種不

同病毒感染疾病的診斷，像是 AIDS 和腸病毒的診斷。）藉以得到快速又正確的診斷，以節省大量的人力及物力，並且可以搶在第一個時間點上救病人，以期做到早期發現，及早治療的功效。除了DNA外，蛋白質和一些細胞中的藥品之接受器（Receptors）也可放在晶片上，所以以下將這些晶片統稱生物晶片。生物晶片的十種以上的不同用途。

1. 基因表現的藍圖（Gene expression profiling）

部分的疾病通常會牽涉到多數基因的變化，而為了要瞭解在病人和正常人體中的蛋白合成的差異，就必須要觀察不同時間點上這些多數基因的表現。而經由這許多時間點上基因表現的形式，研究人員可以去瞭解我們複雜的人體如何去產生各種不同類型的蛋白。這種用途的生物晶片就是類似電流的示波器之功用。為了完成這種基因表現的藍圖，研究人員必須準備許多新鮮的細胞檢體，所以這類型的研究就必須用到非常高密度的DNA晶片，類似 Affymetrix 公司的 Gene Chip 系統。

2. 毒理學上的分析（Toxicology Analysis）

DNA晶片也可以用來檢測有機毒物對某些特定基因的表現，例如那些和肝臟毒害有關的基因。Affymetrix 公司的發言人也聲明這方面應用的晶片已經成為他們公司的新重點產品。他們已經集結了許多專家的意見去蒐集那些最有可能代表某些人體器官毒素的基因，以期能快速分析一些有毒物質對人體所產生的影響。

3. 基因的定序（Gene Sequencing）

晶片有一天可以用來做大量的基因定序和發現的工作。一家

叫 Hyseq 的公司（位於加州的 Sunnyvale）是第一個把 DNA 晶片
應用在基因定序上的公司。整個方法的原理是把所有可能的核醣
核酸基的排列放在晶片上，然後將未知的基因放在晶片上，應該
只有順序完全相同的探針可以與之互補，因而得知未知基因的定
序。但是最大的問題是可定出順序的長度。依常理推斷，定出
1mer 需要四種組合（A、T、C、G），而 2mer 是十六種組合，依
此類推要定出 5mer 則需要四十五種組合（1024）的探針。而 Hyseq
公司的策略是使用兩步策略，一般長的未知的 DNA 片段先放在
第一片 DNA 晶片上，而先找出 5mer 的互補，然後將此晶片暴露
在第二組各種不同 5mer 的溶液中，將會和其他不曾互補的 DNA
片段產生互補，然後應用電腦程式輔助可將一段段 10mer 的片段
組成一長串的 DNA 定序。

4. 單一核醣核酸的多形性的檢定（SNP Identification）

要找到個體的基因型態（genotype）以期知道個體的多形性
（polymorphisms）是許多晶片公司的目標。但是為了要做這類型
的工作，第一步就是需要做大量的基因定序的工作。所以利用Hy-
seq公司發展的DNA定序晶片，正在建立自己的基因多形性（gen-
eticpolymorphisms）的資料庫。此公司並和加州大學舊金山分校
合作將目標鎖定在心臟血管疾病的個體上。他們期望能於一、二
年之內將這種測定單一核醣核酸的多形性檢定用的晶片推向市場。

5. 法醫學上的應用（Forensics）

由於 DNA 晶片的檢定快速，準確且易於攜帶，不久的將來
或許可以成為法醫現場辦案的工具之一。

6. 免疫反應分析（Immunoassays）

有些晶片公司發展的技術是可以將 DNA 以外的東西放在晶片上，例如：利用抗原、抗體之間的緊密結合，以期用來做一些免疫反應上的分析。目前已知，前述的 Illumina 公司和 Nanogen 公司均對此項產品的應用，產生高度的興趣。

7. 蛋白質晶片（Protein chip）

既然抗原、抗體可以放在晶片上，為什麼蛋白質（proteins）不能？事實上，一家叫 Ciphergen 公司正在用他們研發出來的產品—「Protein chip」晶片去實行範圍廣大的蛋白生物學上的研究。

8. 生物武器的偵測（Combat Biowarfare）

過去這幾年，美國國防部已經提供上百萬元的經費給一些生技公司，希望能找出一些對付生物武器的工具。但首先必備的是如何偵測和檢定它。所以，Nanogen 公司已經收到國防部給的超過七百萬美金經費，去研發一種可攜式系統（例如：DNA晶片），以期在戰場上可以快速、準確的檢定有害的生物武器。

9. 藥物的篩選（Drug screening）

Illumina 公司相信藥品和它的接受器（receptors）之間的結合也可以被應用上晶片，就類似 DNA 和互補探針之間的緊密結合一般。這種晶片的推出後，以期可以達到節省藥品篩選所耗費許多的時間和經費。

10. 電話硬體上的應用（hard drives and microprocessors）

不管你相不相信，Nanogen 公司的子公司（Nanotronics 公司）已經擁有這個專利權，可將這種 DNA 晶片技術應用到電腦上。由於利用 DNA 的自我組合性（Self-Assembles），就是類似電腦程式的語言。所以合成的片段 DNA 可以結合在一些不是生物的物質上，例如一些光源或是一些微電子的零件上，以期利用DNA的這種特性，將這些物質帶到特定的位置上，而達成目標。

㈤兩大主流

目前生物晶片有兩大主流，分別為微陣列晶片和微處理型晶片：

1. 微陣列晶片

微陣列晶片在微小面積的基質上種植高密度的生物探針，做為大量篩檢及平行分析的工具。微陣列晶片具備快速、方便、經濟、省時等特性，適用於大量基因表達、篩檢、及比對等研究，可以應用在病原體基因檢測、基因表現比較、基因突變分析、基因序列分析、及新藥物開發等領域。

2. 微處理型晶片

微處理型生物晶片可用來處理生物樣品、進行生物性反應、或分析生物體之工具。樣品前處理晶片可用來處理血液、組織、植物等樣品，減少人為操作時，可能產生的危險和污染；反應型晶片用來從事微量化有機化學反應、生化反應、或酵素反應；另

外分析型晶片用來進行毛細管電泳或高速篩檢等反應。

3. 發展趨勢

　　蛋白質晶片具有方便、快速，並提供大量資訊等特性，是未來生物晶片發展的方向。其原理是使用蛋白質做為生物探針或以蛋白質為檢測的標的，可做為癌症特殊抗原檢測、病原菌檢測、藥物研究、及基礎研究（訊號傳遞路徑）等。應用範圍廣泛，市場需求量相當大，是目前各大生技公司急欲投入的領域，唯技術門檻高，入門不易；一但開發成功，回收金額龐大。

　　台灣政府視生物科技為這一世紀的明星產業，政府至今相關研發經費投入超過三千億元。號稱自 1998 年起五年內將投注新台幣一百億元全力輔助發展，許多傳統製藥或食品業開始轉型，搶搭生技列車。然而新加坡政府於 2000 年底提出未來三年投注一百億美金發展生物科技，台灣一百億新台幣的額度則相形弱勢，再以竹科四期竹南生技專業園區的入區審核與配地原則嚴苛。相較中國大陸已在上海、北京、廣東三地設立生技園區，且地方政府籌資 50%輔助設廠的優惠條件。台灣生物科技發展，也會因籌資不易與優惠條件不佳等因素居於劣勢，無法吸收外資與生技人才的返台。幸好台灣的大學與醫學院已量產足夠優秀的生技研發人才，而政府若能改變現有的決策方式，增加研發經費與輔助設廠的優惠條件，選定發展策略與目標，整合資源便可以突破現階段的窘況，台灣生技產業的發展將會有未來。

　　目前，生物晶片是台灣生技業中投入較多廠家新的明星產業。生物晶片的潛力就如同今天發展成功的將龐大數量資料微縮數位化成體積相當小的空間使用，生物晶片未來將運用在生命科學並結合IC的運用，預估將擴展適用的範圍將非常龐大，未來的商機

也將顯現。台灣生物科技發展自 1998 年起由政府大力輔助發展，不過卻在大陸的優惠條件與新加坡投入龐大經費超越的資源下，產生誘因不足的瓶頸現況，已有業者擾憂如果沒有正視競爭力已不如別人的情勢，台灣生物晶片生技業將無法長大，甚至被迫出走。本文根據生物晶片與國內外生物晶片發展狀況介紹。

█ 結論

以生物晶片而言，台灣目前宣稱投入的廠家約有十家，實際研發且製造出商品化產品的只有三家：晶宇生技：主要在疾病檢驗有關傳染性疾病的檢測晶片；微晶生技：主要在基因表達與食品的檢測晶片；台灣基因生技：主要在新藥開發的晶片。

業界對於走出實驗室邁進市場競爭的商品化，認為代表產業結構健全性與否的象徵，台灣要走最大市場新藥開發領域，與美國超過二千家生技廠家競爭，存有起步落後且資金不足的缺點。而生物晶片疾病檢驗領域則是台灣在晶片硬體生產平台開發後，針對地區性傳染、遺傳性疾病檢測可仰賴延伸的全球應用市場。

然而，生物晶片的檢驗探針設計，勢將面臨美國 Affymetrix 每片晶片不可超過 1000 點（探針）與晶片密度不可超過每平方公分 400 點以上專利，這是美國以外研發生物晶片邁向商品化的關鍵門檻，大陸最大生物科技公司聯合基因，已就此與 Affymetrix 商談授權事宜，台灣廠家則恐有發生侵權行為的可能。

台灣生物晶片產業依現階段而言，各取不同應用市場投注心力，雖有多元性發展的展望，但也有未能集中開發代表性產品的疑慮，業界對政府輔助生技產業的角度感到華而無實，無法與當紅電子產業相提並論，更無法與鄰近國家競爭，業者尤其質疑竹

科四期竹南生技園區配地規劃方向，似乎沒有朝向世界級發展的眼光，在形勢比人弱的條件下，台灣生物晶片產業有多少發展空間？台灣生技產業是否有機會開發和製造新藥？台灣發展中藥生技產業是否正確？這些問題要思考。

　　DNA晶片的應用範圍廣泛，可應用於細胞生化學的研究及疾病診斷上等等（例如：癌症腫瘤學上的臨床診斷或者在各種不同病毒感染疾病的診斷，像是 AIDS 和腸病毒的診斷。）藉以得到快速又正確的診斷，以節省大量的人力及物力，並且可以搶在第一個時間點上救病人，以期做到早期發現，及早治療的功效。但在台灣並不多見是很可惜的，無法照顧到更多的病患。此外在歐美國家除了 DNA 外，蛋白質和一些細胞中的藥品之接受器（Re-ceptors）也可放在晶片上，可造福更多的人類，也在細微科技上領導全球，創造更多的商業利益，這也是台灣更應該加油的地方。

第十二章

人體基因體計畫

■「人類基因體計畫」（Human Genome Project）

是由美國、英國、法國、德國、中國與日本等六國科學家所組成的龐大團隊，經費大部分來自美國聯邦政府的「國家衛生研究院」（NIH）與英國的「衛爾康基金會」（Wellcome Trust）。「賽雷拉公司」（Celera Genomics）則是由科學界的傳奇人物文特博士所創立，在 1998 年以異軍突起之姿投入破解人類基因密碼的競技場，而且成果斐然。但是繪製人類基因圖譜只是破解人類基因密碼的基礎，科學家必須進一步確認人體所有的基因、瞭解基因的功能與控制方式、基因與人體生理以及疾病的關聯，然後才能開發出嶄新的藥品與治療方式，其成果將為人類醫學與文明帶來革命性的進展與衝擊。自古以來人類就力圖窮究人類的起源與與之伴隨而起的生、老、病、死、思維、意識、與行為的奧妙，人類的文明可以說是建立在人類追求自我的認知上；科學也是起源於滿足人類企圖探索自然之神奇與奧妙而來，從一粒蘋果秋落，二種物質組成，三角關係對比，到四肢調和運作，物理、化學、數學及生物等四種學門漸次成形。

㈠人類基因體計畫歷史回顧

西元 1953 年，James Watson and Francis Crick 提出 DNA 雙股螺旋結構，不僅解開了基因的化學結構之謎，同時也揭示了DNA所攜帶的遺傳訊息如何完成遺傳訊息的複製與表現的機制。在 1953 年以後，生物化學、分子遺傳學與生物技術的快速成長，使生物學家可以針對不同的基因進行分子層面的解析與研究。人類

基因體計畫就在這種時代背景下漸漸萌芽。1984 年美國分子生物學家 Robert Sinsheimer 提出生物學界應該效法物理學和天文學的研究，成立大型的研究計畫，專門從事人類基因的解序工作。初始他的提議雖然沒有被採納也未爭取到經費，但是 Robert Sinsheimer 的構想開始引起遺傳學家與分子生物學家的廣泛討論。1986 年 5 月，有關人類基因體計畫的正式討論在冷泉港（Cold Spring Harbor）研究所每年例行的研討會上公開露面。1988 年人類基因體計畫組織（the Human Genome Project Organization; HGPO）正式成立。

　　美國的人類基因體計畫基本上包括三大部分：(1)人類和一些模型生物（model organisms）基因組的輿圖和定序工作，並配合以發展和新創與此工作相關所需的實驗技術、研究系統和儀器設備為主題之研究部分；(2)主要是電腦科學在基因組研究中的應用，含括數據的蒐集、處理和分配等之研究部分；(3)對於與人類基因體計畫相關的社會、倫理、道德、法律、商業等方面的問題，提出因應對策的研究部分。

㈠人類基因體計畫研究技術的背景資料

　　遺傳學的發展始自孟德爾（1865 年）的碗豆實驗，但是真正開始受重視並且用在人類本身的遺傳研究則始自 1902 年英國醫師 Archibald Garrod，他觀察黑尿病，並提出此病的病因為一種先天性代謝錯誤。許多遺傳工程的工具已經漸次的被發現，新的技術也陸續的被設計完成，這些新的技術包括：

　　1. DNA 重組技術。

　　2.哺乳動物的細胞培養（Mammnalian-cell-culture）。

3. 限制酶（restriction enzyme；可以精確的剪貼DNA片斷）、DNA修補酶（repair enzymne）與反轉錄酶（reverse-setran-scriptase；可以反讀RNA為DNA）的發現、應用與生產。

4. 細菌質體（plasmid）轉殖基因技術的發展。

5. 1967年Mary Weiss和Howard Green在體細胞雜合技術（so-matic-cell hybridization）上突破性的發展，他們利用仙台病毒（Sendai）加入含人類和老鼠細胞的培養液中，使人類的細胞與老鼠的細胞發生融合的現象，形成含有兩個細胞核的融合細胞（亦可稱為雙核體；dikaryon），兩個細胞核又可能融合而產生含有兩個親代細胞的染色體的單核細胞即合核體（synkaryon）。可是，由於某些未知的原因，人類的染色體在細胞分裂的連續世代中會逐漸丟失，但是總有一兩個人類染色體留下。人、鼠的染色體大小差異極大，故極易分辨，在經由觀察合核體蛋白質的分析可知確定這些蛋白質基因可能位於幾號的染色體上，而能將人類的基因加以定位。

6. 1970年Torbjoru Caspersson等發明的人類（和哺乳類）染色體螢光染色法染色技術與流體細胞儀（Hoechst 33258）的完成。

(三)後語：基因組定序研究與基因組引發的省思

在2000年6月底國際人類基因體計畫所公布的資料中，97%已經完成定序，而其中的85%也已重組連接好了。定序的工程非常浩大，用以往的生物技術來看此問題更是遙不可及。

人類基因體約含三十億個鹼基對，這些鹼基對分布在二十二

條體染色體與一條性染色體上，人類基因體計畫即打算將人類基因體的所有鹼基序列分析完畢。人類基因體分析機構於 1988 年創設，該機構在美國、日本、歐洲等國的國際合作下，推動人類基因體計畫，並於 2001 年 2 月公布了人類基因體概要。原以為人類約有十萬個基因，現在則明白只有約三萬個基因。目前利用基因體資訊，朝「後基因體」時代邁進的技術，也在開發中。

2000 年 6 月 26 日，美國總統柯林頓和英國首相布萊爾在聯合新聞發布會上宣告人類基因「工作框架圖」繪製完成。人類歷史上還從未有過兩個國家的首腦同時把自己與一項科學進展如此拉近，全球各大媒體在頭版頭條以「終結疾病」來報導這一成就。但人們不知道的是，現在全人類可自由共用的人類基因組險些成為私營機構的囊中之物，變成商業利益的犧牲品。

約翰‧蘇爾斯頓是使人類獲取自身生命「天書」成為可能的主要科學家之一。他在本書中坦誠地講述了關於人類基因組引人入勝的故事和錯綜複雜的爭鬥，讓全世界的讀者得以瞭解那些令人眼花撩亂的頭條新聞背後不為人知的真相。

國際人類基因組計畫正式啟動後，將所有的新發現在互聯網上即時公諸於眾，所有人都可以免費使用。他們的目的很簡單：科學應該為所有人的利益服務。但 1998 年 5 月成立的私營公司塞萊拉提出了挑戰，聲稱可先於 3 年內完成整個人類基因組的測序。如果塞萊拉得逞，將能夠獲取基因組序列的專利權，也就是說可向使用其資訊的個人和團體收費。這種以科學謀求商業利益的做法，激怒了蘇爾斯頓以及所有為人類基因組計畫無私奉獻的科學家們。他們與塞萊拉展開了生死之戰，其結果甚至可能改寫人類的未來。經歷了無數的挫折和競爭者的非難，他們終於使全人類得以共用自身的基本生命資訊。

約翰‧蘇爾斯頓爵士作者小檔案

　　生於 1942 年，1966 年獲康橋大學博士學位。1993～2000 年間，他任英國康橋桑格中心主任，其間主持國際人類基因組計畫英國部分的工作。由於他對科學的貢獻，2001 年受封爵位。約翰‧蘇爾斯頓與悉尼‧佈雷內、羅伯特‧維茨因發現器官發育和程式性細胞死亡的基因規律，共同分享了 2002 年諾貝爾生理及醫學獎，此項發現為人類戰勝癌症、愛滋病和老年癡呆症等開創了新契機，開闢了生物醫學領域的新天地。

約翰‧蘇爾斯頓爵士接受記者對人類基因體計畫的訪問

　　記者：約翰‧蘇爾斯頓爵士是改變基因還是改變社會？您認為科學應該為所有人的利益服務，所以力主將人類基因組的研究成果向全世界公開，這當然是造福於人類的舉動，但是，您不擔心有人利用這些成果做不正當的事嗎？

　　蘇爾斯頓：公布人類基因圖譜的風險並不是很大，事實上這樣做的收益比風險要大得多。當然我們也要防範有不良企圖的人，但與其把這個成果當做秘密讓人產生偷盜的興趣，不如公開了再去防範有人將它用於不正當的地方。

　　記者：在人類基因圖譜公布之後，我注意到有兩種相反的反應：一些人感到欣喜，覺得掌握了這些生命的口令之後，人就可以控制自己的命運了，而另一些人則感到恐慌，覺得如果人可以根據自己的意願來重新改造人類的話，勢必打破原有的自然規律，天下大亂。你怎麼看待這些公眾的反應呢？

蘇爾斯頓：我能理解這些反應。的確，我們將來應該考慮將瞭解的知識正確應用。我說的這個將來是遙遠的未來，也許在未來我們才能考慮去改變這些基因，讓它為人類所用，但應該是在慎重考慮之後再用，我個人甚至不主張去改變基因。我覺得我們想的不應該是使人更完美，而是使社會更完美。因為基因的不同，人是不同的，每個人都是不可代替的，這些不可替代的人構成了社會，使社會能夠運轉。我想對感到恐慌的人們說，不要急，未來還遠遠沒有到來，對於如何使用基因技術我們應該多考慮一下。同時我要告訴那些感到欣喜的人，請冷靜下來考慮，我們應該改善的是人還是社會。

記者：在您的書裡提到，基因決定人長成什麼樣，決定人的健康，甚至是吃東西的口味等等，讓我想起曾採訪過1995年諾貝爾生理及醫學獎得主愛德華‧B‧劉易斯，他說，「人人平等」這句話在政治上是對的，但在科學上是一個正確的謊言，因為基因確實決定了人的差異。您一向主張「人人平等」，怎麼看待這個問題呢？

蘇爾斯頓：人因為基因的不同是不一樣的，但不應該有人因為基因上的弱勢而被社會拋棄或淘汰。我不是希望每個人都能譜寫出美麗的樂曲，不是希望每個人都有重大的發現，關鍵是每個人都有自己的作用，都能發揮自己的長處。我所說的「人人平等」是從一個公民的角度來探討的，基因存在差異，但我們真正要做的是平等地對待人。我相信在這點上劉易斯也能同意我的觀點，他所說的不同是指人各有所長，根據他們的能力和喜好不同發揮各自所長。這兩者並不衝突。

記者：您到中國來的這段時期正巧是2003年諾貝爾獎頒獎之前，您覺得諾貝爾獎對一個科學家來說真的很重要嗎？

蘇爾斯頓：對於自然科學家來說，諾貝爾頒獎一直被認為是一個經典的時刻，它不光是一種榮譽，而且是你的同行們對你成就的肯定。我雖然對自己獲獎感到汗顏，但另一方面我很感謝這個獎，這說明我得到了同行的認可。但我要說的是，如果沒有團隊裡其他人的貢獻，我也得不到諾貝爾獎，這個獎也同時是對我們這個研究集體的獎勵。

記者：在我們的概念中，科學家都是很忙的，尤其是您這樣的大科學家，您怎麼會想到要寫這樣一部科普書呢？

蘇爾斯頓：這本書也是科學的一部分。的確有很多科學家只是忙於眼前的事情，而不去「說」自己的工作，但如果不「說」為什麼，為什麼還要做呢？我在過去研究線蟲基因圖譜的時候也是這樣，但後來我的工作延展到人類基因組的工作，這是個需要和很多人溝通的課題，是人人關心的問題，所以我寫這本書不是科學以外的東西。

▍人類基因組計畫的動人故事

12 月 8 日，一本名為《生命的線索》的科普書在中科院研究生院舉辦了中文版首發式，它是如此的引人注目，因為它的作者和譯者都來頭不小——2002 年諾貝爾生理及醫學獎得主、國際人類基因組計畫英國負責人約翰・蘇爾斯頓爵士和英國科普作家喬治娜・費裏聯合著書；中國著名基因研究專家、國際人類基因組計畫中國負責人楊煥明教授領頭翻譯。

《生命的線索》並非業內的學術著作，科學家用生動通俗的語言講述了人們關心的生命口令——基因的故事，還告訴人們一群有良知的科學家為了不讓人類基因組成為商業利益的犧牲品，

與私營機構展開激烈鬥爭的驚險過程。而且這本書問世的時間，正好是 DNA 雙螺旋結構發現 50 週年，這一具有特殊紀念意義的年份。

基因科學，是近半個世紀以來最令人敬畏和讓人充滿興趣的科學焦點。正是小小的基因，決定了我們每個人的生命為何如此不同。2000 年，當人類基因組「工作框架圖」宣告完成的消息公布時，世界各大媒體的頭條幾乎都用「終結疾病」來報導這一偉大成果，因為瞭解了基因，我們便能有針對性地研究出對付癌症、愛滋病、糖尿病或其他遺傳病的辦法——雖然那可能還是個漫長的過程。

然而，儘管基因和我們的生命如此息息相關，儘管它的研究成果常常成為媒體報導的熱門，但似乎很少有人能通俗系統地向大眾講清楚我們體內這玄妙的基因是怎麼回事，於是，《生命的線索》這本由大科學家寫出的科普小書便顯出其特殊的價值，更何況其中還有一個「像驚險電影一樣刺激」（蘇爾斯頓語）的故事。正義科學家和邪惡勢力做鬥爭的情節聽起來總像我們小時候看的科幻故事，但當看到這樣的凜然正氣活生生地出現時，卻無法不讓人感動和振奮。

本書的作者蘇爾斯頓爵士親自來京出席《生命的線索》一書的首發式，並進行演講和接受媒體採訪。在記者對他進行的簡短專訪中，分明感覺到一個科學家的睿智和對人性的深切關懷——那正是我認定的科學的價值所在。

以上資料來源：中國互聯網新聞中心。

反觀國內對人類基因體計畫的研究與發展

陳水扁總統與媒體主管之旅吳成文院長簡報新聞稿，完成萌芽階段的基因研究、建構國家生技競爭力、建構台灣成為「創新研發基地」是行政院六年國家重點發展的首要目標。講求「創新」、「智財權」及「市場擁有權」的生物技術產業正是典型的研究型產業，其中基因科學研究的良窳，更是我國生物科技能否在這場競爭激烈的國際生物科技競賽中立足的關鍵因素。追溯世界基因研究的潮流與競爭白熱化現象，源自於 1990 年美國能源部及美國國家衛生研究院提出的「人類基因體計畫」，此計畫希望能以 15 年的時間，將所有染色體上之基因序列全部排列出來，因此組成一個國際聯盟計畫，世界上許多國家的實驗室都參與分工。目前進度已比預期提早，預計 2003 年將可全部完成。

我國在此項國際競爭的基因研究上並未缺席。由國科會及國家衛生研究院所支持的榮陽團隊，進行第四號染色體之基因定序工作，提供基因體計畫中第四號染色體內最長的一段基因序列資料，雖然我國並未正式加入國際之基因體計畫團隊，卻是國際上除了基因體計畫外，四個主要之基因定序團隊之一。解人類基因之謎，將可改變人類對於疾病或是許多生命現象的觀念，更是將來在醫藥衛生研發上一個最重要的資產，舉凡單基因遺傳疾病診斷、基因晶片、基因治療、DNA疫苗、運用功能基因體學進行藥物研發或其他新穎疾病的治療方法等，都將以此基因資訊進行研發。此外，在微生物致病機制、親子或犯罪基因鑑定、改良農產品、瞭解生物演化過程、以及環境毒物對健康危害之研究等，也都是基因研究的應用範疇。

　　為因應基因研究的快速發展，衛生署及國科會於 85 年就提出了整合性基因研究的構想，經過完整的規劃，於 87 年開始以國科會「尖端計畫」的方式，每年投入約一億二千萬元補助國內各大學之基因研究工作，3 年來對於治病基因、基因功能、動物實驗、基因晶片、基因治療都有不錯的成果。90 年國科會委員會建議將此計畫轉為更大型的「基因體國家型計畫」，計畫總主持人為台大陳定信院士及中研院陳長謙副院長，共分六個組進行相關研究，分別為基因體醫學組、生物資訊組、蛋白體與結構組、倫理法律社會影響組、國際合作組及產業交流組。

　　政府在這項計畫的投資，2002 年已大幅成長至二十六・三億，包括研究計畫部分十五・三億，以及核心設施硬體建立方面十億、國際合作一億。另外中央研究院方面也有三・六億的院內研究。此外，另兩項「製藥與生技國家型計畫」、「農業生物科技國家型計畫」也包含基因方面的相關研究。整體來說，我國2003 年在基因方面的研究投資將近三十億，反應出政府對國內基因科技的重視與期望。

　　國家衛生研究院在參與基因醫學研究工作方面，吳成文院長進一步闡明，統合該院分子與基因醫學研究組、癌症研究組、生物統計及生物資訊研究組、研究資源處的力量，6 年來已發展多項重要成果。包括建立肝炎基因表現標籤（EST）資料庫、參與人類第四號染色體基因定序工作、建立18000 點基因微陣列系統、建立微生物基因體學研究方法，進行創傷弧菌基因體定序、參與全世界黑猩猩基因定序工作、參與遺傳性高血壓基因病變國際研究計畫，負責亞洲地區資料協調、基因標竿掃描人類肝癌基因體共同缺失片段，並應用基因轉植小鼠，發現 HURP 基因異常表現可造成肝臟之病變以及建立生物資訊研究資源核心設施，提供國

內研究界使用。

　　而在與業界合作方面，國衛院已有兩項技術轉移與業界，分別為蛋白體技術轉移給進階生物科技公司、昆蟲桿狀病毒表現重組蛋白技術轉移給大展生命科技公司。目前且有三項專利申請中。凡此作為對國內生技業界在產業轉型上都將扮演重要的推升力量。

　　綜觀國內基因研究的發展，國家衛生研究院院長吳成文表示，基因研究在國內已完成了萌芽階段，要開花結果仍需一整套完整的研發系統，才能完整的反映到生技產業，其中人才的投入、研發經費的挹注、本土的研發特色、跨領域研發人員的統整、智財權的保障、國際合作等更是現階段應該重視的要項。所以相信不久台灣也可以在人類基因體計畫上，有很好的表現成績，也算是能讓我們更邁向科技化，並能幫助更多需要幫助的人，為我們的台灣加油！從生物科技的知訊，其中包含很多不同知識。在之中，人類基因就是其中一部分；人類是個千變萬化的形體；人類是所有生物界中具有思想的生物；人類真的很神奇，值得我們去深思及探討。

第十三章

奈米科技被利用於食衣住行育樂

　　純粹就科學的角度來看，奈米其實只是一個計量單位，指的是 10 的負 9 次方米（一個原子的大小，大約是 0.2 到 0.3 奈米，也就是說，把五個原子串接起來才有 1 奈米的長度），小到連用一般的顯微鏡都未必能一窺全貌。經過實驗證實，當原子重新排列組合之後，材料的物理性質居然會發生變化：原本柔軟的橡膠，可以變得十分堅硬；原本硬度十足的矽製品，也可以因為原子重新排列，而變得具有延展性。

▍奈米科技定義

1. 奈米科技乃根據物質在奈米尺寸下之特殊物理、化學和物性質或現象，有效地將原子或分子組合成新的奈米結構；並以其為基礎，設計、製作、組裝成新材料、器件或系統，產生全新的功能，並加以利用的知識和技藝。有別於傳統由大縮小的製程，奈米科技乃由小作大。

2. 奈米科技（nanotechnology）包含量測、模擬、操控、精密安放和創製小於 100 奈米的物質。操縱數個至數十個，最多一至二百個原子之科學。奈米技術之各項研究領域，並不局限在某一單一研究領域上，只要研究標的為奈米級之事務，均屬於奈米技術之範疇。

3. 奈米科技簡單地說是經由奈米尺度下對物質的控制，以創造及利用材料、結構、裝置或系統。奈米結構是藉由原子、分子、超分子等級的操控能力以產生具有新分子組織的較大結構，這些結構具有新穎的物理、化學和生物的特性與現象。奈米科技的目標是去探討這些特性與現象，且有效地製造並利用這些結構。

4. 奈米科技實際上並無統一的定義，一般說法係指物質在奈米尺寸下呈現出有別於巨觀尺度下的物理、化學或生物特性與現象。所謂奈米科技便是運用這方面的知識，在奈米尺寸等級的微小世界中操作、控制原子或分子組合成新的奈米尺度結構（奈米材料），以便展現新的機能與特性。以此為基礎，設計、製作、組裝成新的材料、器具或系統，使之產生全新功能，並加以利用的技術總稱。奈米科技的最終目標是依照需求，透過控制原子、分子在奈米尺度上表現出來的嶄新特性，加以組合並製造出具有特定功能的產品。

5. 微米（μm）與奈米（nanometer, nm）都是度量衡單位，$1\mu m = 10^{-6}m$，$1nm = 10^{-9}m$。而材料尺度由微米到奈米所代表的意義並不只是尺寸的縮小，同時，新而獨特的物質特性亦隨之出現。在奈米的領域下（1～100nm），許多物質的現象都將改變，例如質量變輕、表面積增高、表面曲度變大、熱導度或導電性也明顯變高等，因此也就衍生了許多新的應用。奈米科技便是用各種方式將材料、成份、介面結構等控制在 1～100nm 的大小，並改變其操控，觀測隨之而來的物理、化學與生物性質等的變化，以應用於產業。

由下而上技術持續突破

科學家早在 20 世紀中已開始意識到奈米世界可能是極寬廣且未知的空間。1959 年物理學家費曼提出：「物理學的原理並未否決原子層次上製造器具的可能性，如果有朝一日人類可以隨

意操控原子，讓每一位元資訊存在一百個原子上，全世界重要藏書的儲存僅需要一粒塵埃的空間就夠了。」

近來大力推動奈米科技的背景主要來自微電子學可能遭遇瓶頸的考慮。根據摩爾定律預測，平均每兩年矽晶上電子元件尺碼將減少百分之三十，而其數目將增加一倍；近二十年來，隨著半導體微電子蝕刻技術的成熟，促成「由上而下」奈米結構的雕刻細化；又因微細結構偵測與操控的技術的重大發明，到 20 世紀末期促使我們得以探索許多「奈米」的新奇領域，繼續朝著了解大自然的奧祕邁進。

然而另一方面，由原子、分子的自由組裝技術突破，使科學家們得以設計超大分子和其他各種嶄新奈米結構及材料，因而達成「由下至上」奈米體系的成長組裝。此外，奈米亦為生物體的構築單元尺度，我們可以大自然為師，效法其創造生命物質之法則，而將其基本原則應用在奈米生命科技的設計與發展上。

▌新物性促成產業革命

近年來高科技界發展製造奈米結構的能力突飛猛進，例如原子分子磊晶術的發展，能夠在半導體、氧化物與金屬多層奈米薄膜結構進行介面控制，其精準度達到近原子級，進而發展成奈米尺碼的半導體電晶體元件與積體線路。同時科學家對原子或分子的探測與操控，亦達到奈米尺度的準確度，譬如掃描穿隧顯微鏡和原子力顯微鏡之發明等。

科學家發現在奈米尺度時，物質不再具有規則周期性的結構特徵；因為邊界占有比例的增加和粒子數的減少，量子效應將主導其物性行為；並且奈米結構的幾何形狀、表面積的大小及相互

之間的作用也將影響其性質，因此展現出迥然不同且又新奇的物理、化學特性和現象。例如許多奈米材料的顏色、熔點、和磁性與塊材性質明顯不同，並隨著粒子尺碼減縮而呈現大幅的變化。

　　若要進一步了解這些新物性，量子物理的考量是相當重要的一環，我們必須考慮電子波動性和量子特性。原來在物質中，自由電子是以波動方式進行，而產生電子的繞涉與干涉作用，近年電子雙狹縫干涉實驗就是一個有力的實證。並且，電子波可穿透奈米厚度的能障，形成穿隧效應，這是掃描穿隧顯微鏡的基本原理，但也是造成電晶體尺碼減至奈米時可能失敗的主因。

▌跨領域研究發現更多

　　此外，物質波奈米結構中受到束縛，產生駐波而造成能量之量子化，根據被束縛方向的數目，常見新穎奈米材料可分類為量子井、量子線、量子點等。值得一提的是，化合物半導體的量子井如今已廣泛地應用在發光及電子元件上，目前科學家正努力嘗試以奈米量子點為量子位元結構探討量子運算，替將來量子資訊系統的研發鋪路；而最近引人注目之奈米碳管，是一項具極高潛力的研究，可望發展成取代矽之未來電晶體技術。

　　奈米材料在台灣和全世界均有廣泛的研發，不僅使奈米物理、化學等研究愈來愈熱門，導致在電子、光電與生物等先進領域之許多新穎發明與應用。在奈米尺度下，這些跨領域研究單位彼此逐漸重疊，進一步提供新發現的機會。

▌以傳統的塑化原料為例

事實上，硬度與摩擦力常常是塑化原料不可兼得的兩個特性。可是在加入了業者自行開發的「奈米粉」之後，竟然可以同時滿足光譜兩端的需求：硬度不減，同時摩擦力大增。「而且加入了染色劑之後，橡膠也可以變得五顏六色，以後在路上看到彩色輪胎的汽車，也不用覺得太大驚小怪，」生產奈米塑化原料的茂康公司董事長高瑞隆解釋道，在奈米粉還沒開發出來之前，這種事簡直就是天方夜譚。而去年在建材界引起極大話題的奈米馬桶，則是奈米點石成金的另一個範例。位於鶯歌的和成欣業，在衛浴設備上噴灑奈米釉料，在經過高溫烘烤之後，表面會形成一層完全不會附著髒污的保護層。「只要用極少量的清水，就可以完成清潔的工作。用了奈米馬桶，媽媽再也不必拿著刷子刷馬桶了，」負責研發和成奈米馬桶的材料研究部高級專員陳世傑笑著說。不光是台灣，把奈米技術應用在傳統材料上，國外的例子也多的不可勝數。

根據麻省理工學院的《科技》雜誌（Technology Review）的報導，奇異（GE）的研究人員從貝殼的結構上得到靈感，將原子重新排列，研發出強度、耐熱性都高出傳統陶器數倍的「奈米陶器」，不僅可以應用在建材上，做出打不破的地磚和瓷磚，甚至還可以運用在太空船的外殼上，效能比原本的材料好上幾倍，但是價格卻相差不多。物理或化學性質的改變，大大增加了奈米材料取代傳統材料的可能性。國家奈米元件研究室（NDL）副主任戴寶通表示，奈米技術可以應用的層面廣，除了傳統產業所涵蓋的範圍之外，高科技業其實才是奈米最大的著力點。

█ 奈米太陽能板解決能源問題

　　此外，奈米材料還可普遍應用在民生科技上，包括奈米能源、奈米環保、奈米醫學、奈米機械、甚至奈米武器等領域。目前世界各國都投注大筆經費研究奈米能源，利用奈米粒子體積小、活化性強、藉由陽光產生強大催化性等特性，研發更能有效吸收太陽能的新型太陽能板，希望在未來人類不必再靠挖掘數百萬年才能形成的珍貴石油；國內近年對奈米能源的研發大力推動，盼望對解決台灣未來能源需求，帶來重大助益。

　　另外，利用奈米研發傳輸效率更佳的衛星通訊，增進衛星防禦、偵測功能；提高現有武器精準度，成為新一代奈米武器，更是先進國家努力研究的方向；至於各樣應用於日常民生之奈米科技，例如不沾茶垢、咖啡垢的奈米杯、具殺菌功能的奈米口罩、奈米光觸媒燈管等、記憶容量更大的奈米電腦記憶體等，都已出爐，讓人類生活更健康、更方便，這 20 年來奈米科技的發展，可謂是百花齊放，直接對人類生活產生莫大衝擊，而其重要性更是與日俱增。

█ 蓮花效應

　　奈米效應與現象長久以來即存在於自然界中，並非全然是科技產物，例如：蜜蜂體內因存在磁性的「奈米」粒子而具有羅盤的作用，可以為蜜蜂的活動導航；蓮花之出汙泥而不染亦為一例，水滴滴在蓮花葉片上，形成晶瑩剔透的圓形水珠，而不會攤平在葉片上的現象，即是蓮花葉片表面的「奈米」結構所造成。

因表面不沾水滴，污垢自然隨著水滴從表面滑落，此奈米結構所造成的蓮花效應（Lotus Effect），已被開發並商品化爲環保塗料。

　　蓮花效應主要是指蓮葉表面具有超疏水（superhydrophobicity）以及自潔（self-cleaning）的特性。由於蓮葉具有疏水、不吸水的表面，落在葉面上的雨水會因表面張力的作用形成水珠，換言之，水與葉面的接觸角（contact angle）會大於 140 度，只要葉面稍微傾斜，水珠就會滾離葉面。因此，即使經過一場傾盆大雨，蓮葉的表面總是能保持乾燥；此外，滾動的水珠會順便把一些灰塵污泥的顆粒一起帶走，達到自我潔淨的效果，這就是蓮花總是能一塵不染的原因。

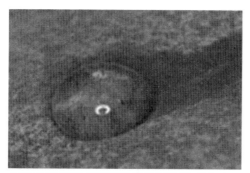

圖一　水珠會夾帶灰塵顆粒離開葉面（取自 Ref. 2）

　　世人對蓮葉的這些特性並不陌生，但真正有系統地研究與分析卻是最近幾年的事。1997 年，德國波昂大學的植物學家 Wilhelm Barthlott 針對這個特殊現象進行了一系列的實驗，發現了上述蓮花的疏水性與自我潔淨的關係，因此創造了「蓮花效應」（Lotus effect）一詞，同時也擁有這個商標的專利權。從此以後，蓮花效應就成了奈米科技最具代表性的名詞。

圖二　在表面張力作用下，水與超疏水表面會有一接觸角（取自Ref. 3）

　　在電子顯微鏡下，蓮葉的表面具有大小約 5～15 微米細微突起的表皮細胞（epidermal cell），表皮細胞上又覆蓋著一層直徑約 1 奈米的蠟質結晶（wax crystal）。蠟質結晶本身的化學結構具有疏水性，所以當水與這類表面接觸時，會因表面張力而形成水珠，再加上葉表的細微結構之助，使水與葉面的接觸面積更小而接觸角變大，因此加強了疏水性，同時也降低污染顆粒對葉面的附著力。

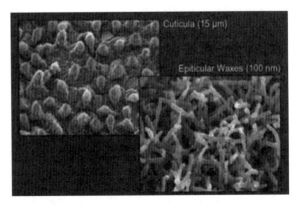

圖三　具有微米級表皮細胞與奈米級蠟質結晶的蓮葉表面（取自Ref. 3）

事實上，表面細微的奈米結構在自潔功能上扮演著關鍵的角色。以蓮葉爲例，水珠與葉面接觸的面積大約只佔總面積的 2～3%，若將葉面傾斜，則滾動的水珠會吸附起葉面上的污泥顆粒，一同滾出葉面（圖五之左圖），達到

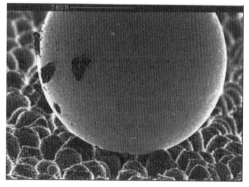

圖四　在電子顯微鏡下觀察水銀與葉面接觸的狀況（取自 Ref. 1）

清潔的效果；相形之下，在同樣具有疏水性的光滑表面，水珠只會以滑動的方式移動（圖五之右圖），並不會夾帶灰塵離開，因此不具有自潔的能力。

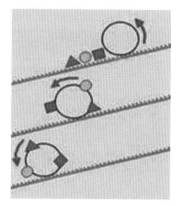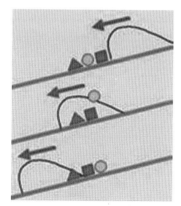

圖五　細微結構與自潔作用關聯之示意圖。即使同樣具有疏水性的表面，在細微結構上的水珠會吸附著灰塵顆粒滾動，而在光滑表面上，水珠能使顆粒移動的程度有限。（取自 Ref. 4）

在自然界中，植物總是暴露在各種污染源當中，例如灰塵、污泥，還有一些有機的細菌、眞菌等。蓮葉上複雜的奈米與微米級結構除了有自潔的功能外，還可以防止受到細菌、病源體的感染，只要經過一場大雨的洗禮，就能恢復煥然一新。目前蓮花效應的概念主要是應用在防污防塵上，透過人工合成的方式，將特殊的化學成分加入塗料、建材、衣料內等等，使其具有某些程度的自潔功能，以實現拒水防塵的目的。

▎奈米農藥

太平洋大學歐亞 AI 智能學院院長廖芊樺教授（台大博士）邀雲林地區的農民合作申請「奈米農藥」的專利，奈米的活性很大，一旦將天然藥物放入奈米材料，使用時可提高藥效，又因可慢慢釋出而持續藥效，奈米是很奇妙的材料，運用於農藥是新方向，前景可期。

在西螺鎮漢光果菜生產合作社講解「奈米農藥」，臺大在雲林設分校，他很樂意將在實驗室研究的奈米物性、藥引等技術，與雲林科技大學、虎尾技術學院一起研發，進而將可替代農藥的奈米噴灑於蔬菜及水果，發揮持續的藥效、控制蟲害或病毒。奈米是從天然蒙胎石礦物質萃取出的材料，一旦將天然的藥物放入該天然物奈米，比較不會受陽光紫外線的侵擾，除替代或緩和農藥的藥害，也可提高並延長藥效，曾施用於九層塔，九層塔外觀變漂亮，葉片亦增厚，施用於菜苗也有可觀的效果。與會的合作社場、農會及產銷班等代表，雖對奈米農業有深深的期許，但擔憂價格太昂貴，技術也未臻成熟，臺大是研究單位，希望與農民合作研發其運用於農作物的實際情形，最近還嘗試將奈米農藥施

用於小番茄，了解能否預防小番茄最害怕染染的立枯病至於奈米農藥的成本會不會太高，為造福農民，也讓消費者受惠，希望未來研發的奈米農藥能廣泛被使用，如此就可減低成本。

奈米衛浴產品

　　生活水準提升，國人對衛浴設備的要求大幅改變，從產品要求的乾淨實用，到對品質及空間搭配的注重，進而注重產品的技術研發與設計創新，特別是將奈米技術運用在衛浴產品上，充分提升衛浴空間抗汙防菌的潔淨功能。

　　在美國預估奈米未來市場有 1 兆美元，台灣這六年內要投入230 億元研發奈米科技，可見奈米科技確實有吸引人的地方。奈米是一公尺的十億分之一，意即一根頭髮厚度的五萬分之一，也由於夠小，使材料產生完全不同的特性，形成許多特殊功能，最著名的就是荷葉效應（Lotus effect），荷葉能出淤泥不染、水珠不會分散的原因是荷葉表面有自然的微小奈米級顆粒，讓污泥、水粒子不容易附著於表面。奈米技術最驚人之處即在於透過對物質極微細尺寸的操縱，透過這層技術，就能任意改變與創造物質，換句話說，一旦完全掌握奈米技術，好像找到點石成金的仙女棒。例如矽的特性容易碎，而奈米級的矽卻可彎曲，所以，未來電腦甚至可以捲起帶走；金是惰性金屬，不易變化，奈米技術做成的金卻是防毒面具的絕佳活性劑。對傳統產業影響則來自於原料素材特性的改變，如陶瓷表面進行奈米處理可以防污抗菌、尼龍加入奈米微粒可耐熱、紙張衣料加奈米塗劑可以撥水撥油、玻璃經奈米觸媒可以自動清潔，改變相當大；所以運用奈米技術製程在衛浴設備，如於洗臉盆、馬桶等產品上層加入奈米級釉

料，除了可以產生更光滑細緻的表面，重點是，使髒污從此無法卡在產品表面，完全達到抗污防菌的效果。

▍奈米運動鞋

　　以生產 Nike 運動鞋聞名的豐泰企業集團，配合奈米產業技術潮流，正研發奈米運動鞋，將可大幅降低鞋重量及提高性能，確保競爭優勢，掌握商機。運動鞋若加入奈米的複合性材料，不僅可降低重量、強度外，有可能大幅提升其他功能。豐泰是世界最大運動品牌 Nike 的運動鞋策略性合作夥伴。

　　豐泰估計 Nike 每月運動鞋出貨量，豐泰集團就占了六分之一左右。豐泰早就在各事業部成立技術研發工作室及研發中心，2000 年並首度舉辦技研成果發表會，吸引許多 Nike 代工及合作夥伴參加觀摩。去年豐泰還擴大研發編制，成立研究發展處，專注新事業及革命性技術研發工作。因此，豐泰的研發經費占營業收入比率已攀升到 5.9% 至 7.3% 間，不亞於許多電子高科技廠商。豐泰公司說，1971 年創廠以來，在製鞋及模具產業領域，已有許多開創性成果。例如，發明研磨法，成為全世界第一家使用面皮作為鞋面的專業鞋廠。鑑於奈米產業技術成熟性與發展性，豐泰已進行奈米運動鞋研發工作，並延請相關專家到廠為高階主管講授奈米新知。

▍奈米內衣

　　內衣是女人的第二層肌膚，選擇一套兼具調整身形及時尚感的貼身衣物雕塑完美身材，往往是女性的心願。最新的調整型

內衣，業者應用奈米科技，在罩杯水袋中植入具保濕滋潤效用的絲蛋白，讓女人的雙峰隨時獲得呵護。藉助內衣褲「塑身」的概念，歐美國家早在中古世紀即已萌芽。亞洲地區由日本首開調整型內衣先河，台灣直至十五年前才開始起步。早期調整型內衣著重修飾功能，較忽略美感與舒適度。經紡織工業帶動彈性、抗菌布料的技術改革，如今不但講究美觀，也朝預防醫學方向發展。

知名品牌黛安芬、雅聞等內衣專櫃新近推出的「Cosmetic BRA」，都是將高科技融入調整性內衣中的新興產品。雅聞公司總經理紀敏吉指出，拜科技之賜，罩杯內以輕質油製成的水袋，加入可以促進血液循環、新陳代謝的遠紅外線磁石及有益自律神經調理、排除有機毒素的負離子。裡襯中應用奈米科技進行絲蛋白加工處理，兼具保濕、柔軟作用。製造上，甚至添附芳香精油，散發淡淡芳香，達到精神紓緩的效果。，從預防醫學的觀點，一款好的調整型內衣、束褲，除能雕塑身材，在生理上更能達到伸腰扶背的作用，保護脊椎及臟腑，減少女性因年齡老化而產生的腰酸、背痛情形。調整型內衣通常價格不菲，內衣業者建議，清洗時以冷洗精浸泡一下、用手輕輕搓揉即可，不要與其他顏色衣物混洗，也小心不要勾到線頭，以免影響罩杯形狀，破壞塑型效果。

▊奈米家電

應用奈米科技的家電產品現身上市，台灣日光燈與禾盟企業、元山科技合作，發表一系列奈米科技家電，包括奈米電風扇、除濕機、空氣清淨機、電暖器、烘碗機、冷氣機等；此外東元也在台北電器視聽展中展出奈米冰箱。現階段奈米科技應用在

家電方在萌芽期，主要應用在除臭、殺菌上。

　　台灣日光燈經理表示，以該公司新推出的奈米光觸媒健康機
為例，利用 365 波長燈管光源，照射在奈米級光觸媒鍍膜玻璃
上，產生電子洞對，當電子洞對與空氣中氧氣和水接觸，會產生
氫氧自由機，分解空氣中的有機物，並有抑菌、殺菌、除臭等功
能。東元經銷商則指出，添加奈米功能的冰箱，其蔬菜保存期間
倍增。同理應用在冷氣機、電暖器上，對於空氣同樣都有除臭、
殺菌的作用。黃處俊指出，家電增加奈米除臭、殺菌功能，消費
者買到的價格大約會比同等級產品多了 1 到 3 成的價格。如一般
的電風扇價位大約在 500-2500 元間，奈米光觸媒電風扇，價位
大約從 2599 元起。

　　國科會科資中心主任指出，奈米科技在未來 50 年都將是極
為重要的科技，這種眼睛看不到的微小分子，我國未來 5 年將投
入 200 多億元研發，由於我國在半導體方面具有優勢地位，因此
在奈米的研發上也居於世界領先地位，約世界前 10 名之列，估
計到 2010 年我國的奈米產品總產值可達到 1 千億元，是一項非
常有前途的產業。中科院化研所溶膠材料主任表示，奈米科技方
為奈米材料與加工兩項，其可應用在食衣住行各方面，如藥品，
可加速人體吸收；建築物的玻璃、衣服材料具有防火、殺菌的功
能；以及汽車上的擋風玻璃、後視鏡等，不容易起霧、明亮等。

住

　　在陶瓷表面覆蓋具有抗菌能力的奈米微細釉藥，製造出不沾
污垢、抗菌的一系列衛浴設備，像和成牌今年推出的抗菌馬桶，
即是一例。不只是室內，日本高速公路圍牆在表面塗上 TiO2 光

觸媒的奈米顆粒，有效分解空氣中的硝化物、硫化物，使建材外觀如新亮麗，並能減少空氣污染。

因為汽、機車排放的廢氣含有硝化物、硫化物，它們不但造成空氣污染，遇水還會變成酸性物質，腐蝕建材。

歐洲也將此項奈米技術應用於古蹟維護，希望歷經幾世紀風吹雨打的大教堂、戶外雕塑、壁畫等藝術品，能夠減緩被酸雨侵蝕的速度，延長壽命。

行

未來汽車、飛機的重量會更輕，更省電，也更環保。德國汽車正研發新型擋風玻璃，以奈米級的玻璃顆粒混上塑膠，重量不但大大減輕，而且不沾雨絲，不易附著污垢。

汽車的汽缸若是使用奈米材料，碳氫化合物等氣體不易逸散出去，減少廢氣排放量。如果，車身塗上奈米粉體，由於奈米顆粒結合緊密，一點也不用擔心車身會留下刮痕。

滿街跑的是太陽能電動汽車，或者人人手上拿的是可待機數百小時的行動電話，也會因奈米技術成真。因為在電池添加了奈米級鋰顆粒，能夠大幅延長供電時間，縮短充電時間，會是未來電池的主流。

育

不用帶厚重的課本上學，只要帶著一頁比信用卡還薄的電子書就行了。一個用鉛筆畫的句號，由 3 億個碳原子排列組合而成。電子書上的面板是由上百萬個奈米顆粒所組成，電壓可以控

制原子排列，組合不同的字。隨著輸入的頁數，電壓上上下下，每頁有不同的字跳出來。

樂

　　未來兩年內，第一台以奈米碳管做成螢幕的電視可望問世，它不但省電、成本低，而且很薄，厚度僅數公釐。奈米碳管彈性極高，電傳導性高，強度比鋼絲強上百倍，但重量卻輕，兼具金屬與半導體的性質，可用於平面顯示器、電晶體或電子元件上。除了電視、電腦，奈米碳管也被用於網球拍、滑雪桿，質輕、鋼性好的特點，讓運動人士用起來愛不釋手，舒適地打一場好球。奈米網球、奈米排球也相繼問世，在球類表面塗覆奈米顆粒，也能阻絕氣體進出，不易沾上汗滴，保持球的彈性。今年2月，在美國開打的戴維斯盃網球賽即是用奈米網球。

醫藥

延長藥效

　　胰島素奈米膠囊：波士頓大學研究人員把老鼠的胰島細胞用薄膜包起來，再植入患有糖尿病的老鼠體內，薄膜上布滿 7 奈米大小的孔洞，僅能讓胰島素分子慢速釋放出來，由於抗體體積太大無法通過奈米級的孔洞，藉以保護胰島細胞不被抗體吞噬、分解。這樣一來，原本需要天天注射胰島素的糖尿病鼠，植入膠囊後，不用打針，數週後也可存活下來。

增加檢驗的靈敏度

磁振造影（MRI）顯影劑以奈米級顆粒的螢光染料做為染料，所得的影像會更清晰。因為螢光染料在奈米顆粒時，較原來不易受到背景值干擾，也不易衰退變淡。

精準到達病灶

由於人體的細胞大小是 100 微米，相當 10 萬奈米。以 dendrimer 奈米級樹枝狀高分子聚合物做為藥物的載體，使藥物容易被細胞吸收，再加上奈米級顆粒傾向累積於體內發生發炎的區域，更能精準到達病灶。利用奈米級機器人進入人體和病毒展開大作戰，或是清除血管中的血塊，都會因為人類走進微小世界之路，使一切變得可能。

▌科技業趕搭奈米列車

高科技業去年便已引爆奈米熱潮，包括半導體業的英特爾、超微（AMD）、台積電、聯電和特部 A 以及光電業的東元奈米應材和瀚立光電在內的國內外廠商，已開始進行奈米卡位戰。其中，英特爾去年就宣稱已經成斥榫ㄔ X90 奈米製程的晶片，實際電晶體閘長最小只有 50 奈米，以同樣體積的晶片來說，運算速度會大幅提升 3 成以上。晶圓的製程縮小，表示每單位面積上可以容納的電晶體數量變多。「如果改採更小的奈米製程，未來的效能不就可以提升更多？」戴寶通表示，半導體業界現在就正在進行奈米製程的競賽，「誰先量產，誰就可以取得主導地位。」況且消費性電子產品越來越要求輕、薄、短、小，小

體積晶片和 SoC（系統單晶片）的趨勢也日益明朗，奈米製程正是推動這個趨勢的最大助力。

　　另一個正在積極蘊釀奈米進程的產業則是已經殺紅了眼的顯示器業。在 TFT-LCD 成為顯示器主流，甚至已經打起價格戰時，CNT-FED（奈米碳管場發射顯示器）業者正埋首研究室，準備切入這個殺戮戰場。去年中，東元奈米應材就公開對外宣佈，東元準備在 2004 年前開始量產奈米碳管和 CNT-FED。

　　東元奈米應材總經理陳國榮表示，所謂的奈米碳管（Carbon Nano Tube，簡稱 CNT）指的是一種由碳組成、體積十分微小的奈米材料（直徑約 10～100 奈米），具有易導電和抗化學腐蝕的特性。利用奈米碳管的場發射電子打擊螢光粉而發光，具有高亮度、反應速度快、省電的優點，而且將「薄如紙張」，未來的顯示器有可能因此「隨身帶」。

　　「和 TFT-LCD（液晶螢幕顯示器）或是 PDP（電漿電視）相比，CNT-FED 的最大優勢在於製程簡單，和原本生產 CRT 螢幕（傳統陰極射線管顯示器）的 know-how 差不多，」陳國榮說，「奈米碳管未來甚至可應用在照明、發光元件上，出路很廣，」陳國榮樂觀地估計，在大尺寸螢幕的競爭上，CNT-FED 除了原料成本較貴之外，其它部份都勝過 TFT-LCD 和 PDP；況且全球只有南韓和台灣在角逐這塊餅，技術差距又不大，前景十分看好。

　　奈米技術雖然尚在起步階段，但是「未來幾乎所有的產業都有可能應用到，」國科會科資中心主任孟憲鈺指出，最快 5 年可能就可以看到奈米技術全面應用的榮景。

▋改變戰爭面貌，奈米更勝火藥

材料、元件歷來最細微人工製品，影響武器、通訊及士兵作戰

　　奈米技術已使戰爭徹底改觀。奈米技術材料和元件是有史以來最細微的人工製品，現在已經在伊拉克戰場上派上用場，美軍通訊系統和武器中已有奈米技術材料和元件。

　　但奈米技術材料和元件在伊拉克戰場上所扮演的角色仍然有限，因此後世可能覺得美伊戰爭是世上最後一場不使用奈米產品的戰爭，而不是第一場廣泛應用這種產品的戰爭。奈米技術分析師艾倫波根說：「大部分可以起重要作用的產品目前還在研發階段。」一奈米相當於十億分之一公尺，大約只有一顆分子大小。美國國防部對奈米技術非常感興趣，過去廿多年間都很支持這方面的研究。預料美國國防部在本會計年度花在奈米技術研究上的經費將高達兩億四千三百萬美元。美國聯邦政府奈米技術研發預算則為七億七千四百萬美元。奈米技術吸引人的地方是假如一般物質如碳等縮小到奈米尺碼，就會出現一些很特別的特性，或強度變得超大。主持美國國防部基本研究局事務的國防部副次長拉伍說，奈米技術比火藥的發明更能改變戰爭面貌。他說，武器、通訊及士兵作戰的每個方面都將受奈米技術影響。

　　美國陸軍對奈米技術寄以厚望，希望可以利用這種技術製成防水、輕便且如裝甲的材料。但麻省理工學院兵士奈米技術研究所所長湯馬斯說，這種材料可能要過一個世代才會出現。至於比較實際的想法，如製成可以快速偵測多種化學和生物武器的手提裝置，則可望在兩年內實現，新產品則在兩年後開始初次部署。湯馬斯說，美國軍方已決定撥款五千萬美元充當麻省理工學院這

方面的五年研究經費，麻省理工學院本身的贊助和業界的捐款加起來也和這個數目相當。但奈米技術也有比較平凡的一面，例如海軍船艦鍋爐管線的外層塗料以及掃雷艇傳動軸的外層都已使用奈米技術產品。這些塗料比傳統產品更有彈性，微粒也較小，因此也比較耐用，也比較能在極端惡劣的環境下耐久。國防部已開始採購的奈米技術產品還包括一種火箭燃料添加劑，使飛彈和火箭的速度提高，據說這種產品還可以加大射程。

▌ 奈米金觸媒

　　由工研院研發的「奈米金觸媒」技術，不僅可以運用於火災時，過濾一氧化碳的防毒口罩，還可廣泛運用在空氣淨化器上，商品化條件優厚。工研院前（十六）日正式將這項技術移轉給諾瓦材料科技公司，並由該公司成功的開發出奈米金觸媒逃生面罩成品，日前該公司在世貿中心展出的安全設備展做公開發表，深獲好評。

　　奈米觸媒被視為未來產業的明星科技，「奈米金觸媒」更有淨化環境的效果，工研院材化所副所長王先知表示，奈米金觸媒研發充分展現奈米材料的優勢與價值，透過奈米技術，可以將高度惰性的金塊，轉化成高度催化活性的觸媒材料，且成本僅為傳統材料的五分之一，具有高度的競爭優勢。

　　諾瓦材料科技公司總經理楊聯智指出，運用奈米技術開發出來的金觸媒，具有「反應速度快」、「溫度低」及「選擇率高」三大特色，將奈米金觸媒運用在防毒口罩上，可以瞬間將燃燒中的一氧化碳，立即轉換為二氧化碳，作用可以持續二百個小時，遠超過歐盟法規標準，可說是功能最好的濾毒器。這項產品已獲

得美國專利，諾瓦材料科技成為通過因恐怖攻擊或火災生成一氧化碳及其他有毒氣體之防護設備廠商。

　　奈米觸媒被視為未來產業的明星科技，「更有淨化環境的效果，透過奈米技術，可以將高度惰性的金塊，轉化成高度催化活性的觸，這對現代生活的空氣品氣是一大幫助；而火災用逃生面罩更是救命的好幫手，奈米觸媒證明了奈米科技的實用。

▋刺激牙齒再生的裝置

　　牙齒不整齊的曲棍球選手、喜愛甜食的人，可能很快就能重展笑容了，因為加拿大科學家說，他們首度研發出可促進牙齒與骨骼再次生長的裝置。測試加拿大十多名牙科患者後，加拿大亞伯達大學的研究人員，本月稍早為這種低密度超音波裝置申請專利。工程系教授與奈米電路設計專家陳傑（譯音）告訴法新社：「我們目前計劃使用它來修補斷裂或有疾病的牙齒，以及頷骨不平衡的問題，但它也可能幫助曲棍球選手或孩童等牙齒被撞斷的人。」陳傑協助發明了這個微小的超音波機器，機器植入口腔後，可輕輕按摩牙齦，從牙根刺激牙齒成長。他說，這種比豆子還小的裝置，每天必須啟動二十分鐘、持續四個月，刺激成長。它也可以刺激頷骨成長、修補笑容，最終可能用於刺激骨骼成長、讓人長高。亞伯達大學牙醫系的新成員艾爾畢亞雷，一九九○年代晚期，首先以修補兔子的牙齒細胞組織，測試這種低密度的超音波療法。他的研究刊登在美國齒列矯正與牙面矯正術期刊上，二○○五年九月於巴黎的世界齒列矯正聯盟上發表。

▎結語

　　奈米科技運用在生活中的一切，連微小的事物都可以看的到它的存在，奈米帶給我們很大的幫助，儘管奈米材料有著與眾不同的物理化學特性，但除了要找出更好的材料及更簡便生產材料的方法之外，同時還要了解材料新的性質。因為當材料進到奈米級尺寸時，原本運用在元件上的物理性質即會失效。如絕緣層會有電子穿隧現象破壞電晶體閘極（Gate）絕緣的功用，奈米材料會因表面原子比例增加，奈米材料活性增大使得熱與化學性質變差等，這都是未來應用奈米技術所必須克服的問題。

第十四章

奈米科技與科學理論在教育 AI 各高科技之應用

　　二十一世紀末蓬勃發展的網際網路資訊科技是一項跨越時間與空間的「虛擬產業」，那麼二十一世紀的「奈米風潮」引領我們進入的將是前所未有而且完全超乎想像的「實質產品」世界。奈米科技被喻為第四次工業革命的源頭，透過奈米的技術不僅僅是高科技產物受惠，更重要的是生產我們日常生活週遭一切用品的傳統產業也都將自根本上發生變革。在我國估計再西元 2008 年時，奈米國家型科技計劃的相關產值將會達到新台幣 3000 億元。奈米進展除了將引領科學的大躍進外，同時更與生活有著密切不可分的關係，值得我們更加投入重視。

▌政府的推動方案

　　自 1996 年起，國科會、經濟部和教育部即分別執行數個有關奈米科技研發的獨立計畫。為更有效地利用資源、整合產官學界的成果與資訊、鼓勵投資並提升台灣的國際競爭力，政府決定由國科會負責領導建立發展奈米科技的國家級計畫。

　　「奈米國家型科技計畫」已於 2003 年 6 月通過，並於 2001 年元月正式施行。該計畫明確規劃出成為主要奈米科技產業化國家的途徑，從設置先進研究設施到吸引相關研發人才，以及為高科技製造業、電子業和生化科技等台灣具備顯著優勢的領域，創造實際的應用。這項總值 235 億台幣的五年計畫有 62% 的基金將用在奈米科技產業化，其餘則分配到學術研究、研發設備和人才培訓。國科會下屬之奈米科技國家型計畫辦公室負責協調整合並指導整體計畫的執行。除了協調上述政府機關的行動，該辦公室也和原能會、農委會、環保署及衛生署就其個別領域內的相關政府研究計畫進行合作。奈米科技國家型計畫是以工研院

（ITRI）開發、轉移、培養和引導奈米科技的工業應用為中心，並由中研院帶領學術的研究和發展。以核心建置和人才培育為基礎，達到「奈米科技產業化」和「學術卓越研究」目標。兩個機構的方案均包含台灣一流大學與研究機構的計畫。這就是台灣奈米科技發展計畫的整體架構。根據政府推動台灣奈米科技產業的策略，工研院將計畫 20% 的資源放在指導傳統產業升級的短程（1-2 年）目標；60% 的資源用於五項主要奈米科技領域的中程發展（5 年以上）；另外 20% 用於調查研究最尖端、全新的奈米科技領域。這項先進的研發也與中研院物理研究所的奈米科學研究計畫相呼應。

　　在國際合作方面，工研院在 2004 年 6 月與加州大學柏克萊分校建立史無前例的聯盟，支援奈米科技的研究，並辨別雙方結盟後可能出現的產品市場。這項為期五年的跨太平洋合作最初將專注在奈米能源科技和其應用的研究，特別針對亞太區域快速成長的產業。

▌傳統產業已見獲利，AI 高科技產品商業化指日可待

　　工研院大力催生的「產業奈米技術應用促進會」目前至少有 90 家會員公司，包括高銀化學、中油、台塑石油、南亞塑膠、南寶塑膠、寶成鞋業、遠東紡織、華新麗華（電線電纜）和許多知名廠商，尤其是半導體、奈米材料、IC 電路板、平面顯示器、光電、電器、紡織和生化科技的業者。至少有 800 家廠商對政府在 2008 年以前開發這項新產業領域的計畫表示興趣，若干奈米科技的研究已經開始發揮產業應用的功效，促進會預估，參與計畫的產業年產值可在未來 3 年內由 900 億台幣成長至 1,200

億台幣。根據數位時代雙週刊的報導，目前奈米科技領域的主要贏家，是率先將奈米科技應用到生產製程的傳統製造業。最近爆發的 SARS 疫情和可能發生的生物恐怖攻擊，使得這個新產品領域的某些產品，如奈米級的活性碳纖維需求暴增且持續長紅。相關產品的主要製造商台碳科技 2003 年營收便成長 100%，該公司預計新推出的奈米金觸媒產品線將持續帶動業績的成長。

台灣的競爭優勢

- 雄厚的化工業基礎—奈米科技產業化的必要條件。AI 新科技快速商業化的能力。
- 獲全球認可的高科技製造優勢。
- 具產業應用潛力之新興科技有充足的投資資金。
- 政府對先進研發計畫的大量支持。
- 具備以奈米科技、生化科技和其他高科技產業為主的科學園區整合網絡。
- 周全的物流基礎建設。
- 國內下游產品整合廠商已趨飽和。
- 台灣是亞洲新奈米產品之絕佳測試市場。

▌市場潛力與投資機會

　　根據工研院奈米科技研究中心的估計，台灣奈米科技產業的年產值可在 2010 年達到 1 兆台幣以上，佔全球市場的 3%。該中心也預測，到 2008 年使用台灣廠商之奈米科技生產的產品，總體市場規模將高達 190 億美元，其中 43% 屬於材料和化學製

品，22% 爲金屬和機械，另外 35% 爲電子產品。

　　奈米科技導向的投資機會可見於新產品研發或產品／生產改進的領域，新產品投資機會主要在高科技業，如顯示器（LED、光學、平面面板）、資料儲存與通訊，和積體電路。開發新產品的投資金額通常較大，因爲需要同時研發新的製程。相反地，由於產品改進的投資通常是經由升級現有設備的生產製程，投資金額通常較小。由於台灣的產業發展方案專注在互補性氧化金屬半導體（CMOS）生產科技奈米化、新一代顯示器、量子點雷射、超高密度資料儲存媒體和微型燃料電池五個優先奈米科技領域，現有投資機會主要在奈米材料、奈米電子技術、奈米顯示器材和元件技術、奈米光電通訊、奈米構裝技術（如奈米線、奈米棒、奈米底柱和奈米點）、奈米儲存技術、奈米能源應用、奈米生技，和奈米科技測試與分析設備和系統。

　　2021 年 9 月在台北國際會議中心舉辦的「台灣奈米科技展」，主題即爲奈米科技的發展與投資機會。

　　近期完工的台中科學園區，是專注於奈米科技發展的工業聚落。目前共有 60 家高科技公司投入 2,000 億台幣（約 57.8 億美元）在園區內展開製造營運，台中科學園區屬於中台灣大型高科技中心的一部分，待 60 家公司全面營運後，預計可爲當地創造 4 萬至 5 萬個工作機會。

▌獎勵投資方案

　　有鑑於奈米科技應用在先進科技和製造業扮演重大的角色，經濟部工業局已採取措施，讓奈米科技的相關成果與應用皆可適用政府的獎勵計畫，包括下列的租稅優惠：加速設備折舊；

購買設備、新科技、研發支出和人員訓練抵稅；股東投資抵減租
稅優惠；五年免稅；進口機械和設備免稅；個人創作或創新所得
之版稅 50% 免稅；鼓勵企業購併；工廠搬遷之土增稅優惠；降
低對外投資虧損準備；技術權利金收入免所得稅；外國人或華僑
經核准在中華民國境內投資之利得，以 20% 稅率扣繳後，不併
入其各類所得辦理申報；外資企業在我國境外給付之薪資所得，
免徵所得稅。此外，政府的投資參與計畫包括：行政院開發基金
和交通銀行投資優惠獎勵；行政院開發基金之五年生技投資計
畫，和新產品開發協助計畫。

　　西元 1970 年代末期，隨著科技進步，科學家發現，奈米級
大小、介於巨觀和微觀之間的「介觀」物理現象，值得進一步研
究。西元 1980 年代，電子掃描穿隧顯微鏡（Scanning Tunneling
Microscope, STM）、原子力顯微鏡（Atomic Force Microscope,
AFM）、近場光學顯微鏡（Near-Field Microscope, NFM）的出
現，提供科學家觀測、操控奈米尺寸原子、分子的「眼睛」和
「手指」；80 年代後期，已有大量科學家進入奈米相關基礎研
究領域。首先由政府公開將奈米列為重點研究項目的是日本，在
西元 1990 年代初期投入大筆經費，「奈米（nanometer）」一詞
就是在此時由日本提出；美國則因經費、人力充足，各方向的研
究包括奈米領域一直很多，因此也維持相當領先的地位。

　　參考來源：http://tw.knowledge.yahoo.com/question/?qid=10
05011203577

▌奈米科技研發中心成立

　　工研院奈米科技研發中心於民國 91 年 1 月 16 成立，國內奈米研究相關單位首長及產官學代表皆受邀出席。對於外界相當關注的中心運作模式以及正副主任人選和研發團隊，工研院今日一併在開幕儀式中公佈說明。

　　首任中心正、副主任分別由工研院副院長楊日昌、企劃處處長蘇宗粲兼任。楊日昌表示，工研院的奈米中心最大特色在於其為一科技網絡型組織，其架構全然不同於現今國內任何研究單位的組織型態，而是以一個知識運籌團隊為中心，協助並連結各重點計畫團隊的運作順利，這個知識運籌團隊包含：核心的奈米科技委員會，與 5 個團隊 -- 開放實驗室營運、產業合作推動、基礎平台建置、國際合作規劃、以及尖端技術研發團隊。運籌團隊主要從事企劃、情報收集、計畫及設施管理、對外窗口等事項，初期規模將在 10 人以下。楊日昌強調，透過中心運籌團隊的連結，資訊與知識將更有效的傳達，合作的空間及對象亦將無限延伸，讓我國的奈米研發網絡更形完備。

　　奈米中心副主任蘇宗粲表示，工研院的奈米研發計畫涵括了科學基礎、平台技術與應用技術三個層次，以 11 項重點計畫推動之。在應用方面將以奈米材料、奈米電子與奈米生技作為三大研發主軸，以加工／製程、檢測技術／設備開發與模擬等技術平台為本。研發規劃上，則以涵蓋短中長期效益的整合策略為主，有短期可協助產業轉型創造商機者，亦有對我國產業未來競爭力具策略性影響的技術之研發。中心副主任蘇宗粲指出，坐落於工研院區內原台積電一廠位址的奈米中心，已規劃 500 坪空間設置開放實驗室供廠商進駐，目前由於該基地空間需要時間淨

空整理，加上儀器採購需要一些時程，所以各計畫實驗暫時還分布在各單位，未來隨著先進儀器設備以及合作計畫的進駐，將使產學研合作的效益在此進一步擴散發酵。開幕儀式中，工研院院長史欽泰介紹中心 11 個研究重點的召集人分別為：IC 為電子所副所長吳清沂、記錄媒體為光電所副所長黃得瑞、光通訊為化工所副所長王先知與光電所祁錦雲、顯示器為材料所所長劉仲明、能源則為材料所副所長彭裕民與能資所副所長徐瑞鍾、封裝為電子所先進構裝技術中心的副主任何宗哲、傳統工業應用為化工所總計畫主持人林正良與材料所劉榮憲組長、生技由生醫中心林康平組長及電子所姚南光負責、檢測分析 / 設備開發則為機械所副所長吳東權、平台技術則由化工所副所長陳重裕與材料所溫宏遠組長負責，另一尖端技術研發團隊則由電子所所長徐爵民領軍，主要從事長程尖端應用研究，積極與學術界及國際尖端研究團隊合作，為未來研發競爭打基礎。楊日昌指出，工研院以各研究重點為主題的奈米列車將於本月 21 日在高雄展開首航，與產業界展開相關互動；農曆年後，各主題列車活動亦將陸續開出，各相關產業除了可以透過參加工研院在網路首頁（www.itri.org.tw）上公佈的系列活動了解奈米科技對該產業的影響，進一步與從事該領域研發的研究人員聯繫之外，亦可透過奈米中心之窗口安排進一步之接觸與了解。廖芊樺教授院長指出有奈米科技研發中心以來，已啟動奈米列車行駛全省，首站從高雄傳統產業出發，接著將為能源、積體電路、電子構裝、資訊存儲、通訊、生技、顯示器及材料等各產業，解說奈米科技的特性及其對產業所帶來的革命性改變，歡迎業者多加利用，使產、學、研合作的效益能再進一步的發酵擴散，共同為提升國內產業競爭力而努力。前國內產業應用奈米技術內容有：鎳氫電池隔離膜、鋰電池隔離膜、磁

性流體、基板平坦化、無機記錄媒體、CMP 研磨液、PDA Hand Coat、噴墨印刷機墨水、奈米顏料、奈米黏土複合材料、奈米黏土、MRAM，而相關的奈米化產品也已陸續開發成功，並且已有諸多企業在產品製程中，引用奈米技術，其市場競爭力與佔有率亦有明顯攀升，也由於產業奈米化後的成效良好，已有相關業者對奈米技術寄予厚望，陸續引進。

奈米數位噴印布

　　運用高科技奈米材料技術，將織布以奈米材料塗佈方式，成功研發符合客戶軟硬需求的噴印布具有以下特點：表面抗水不暈染，耐久不發霉，耐溫不續燃，省墨料具高附著性，耐磨損，強度佳撕不破，免護貝，不因濕度受潮而捲曲，噴印色彩鮮艷，具環保不含磷、氯、螢光劑等有有毒物質。

　　由於製布時通常都會使用一些酸性物質，隨著時間的流逝，這些酸性物質會逐漸破壞布質的纖維素，導致布質產生腐蝕或泛黃。但運用奈米超微細粒子做防水塗佈高溫燒結處理後，能使奈米超微細粒子穿透布質纖維，對抗布質內的酸性物質，可防止歷經長時間所產生的腐蝕、脫色及泛黃現象，特別適用於具有歷史保存價值之文件，圖像上使用。

　　奈米數位噴印布特別適用於各廠牌墨水及各廠牌 A4 以上個人噴墨〔相片〕印表機及大圖輸出、四色印刷、網版印刷〔如數位畫像、油畫、仿古畫、複製畫、海報、婚紗照、重要文件、股票、證書、獎狀、聘書、畢業證書、廣告、傳單、圖表、工程圖、設計圖、皮包、皮夾、手提袋、及各式各樣個人化商品…等〕。

█ 量變造成質變

　　二十世紀初，科學家開始將眼光放在組成物質的基本粒子上，透過間接觀測（即使透過電子顯微鏡，也無法看到原子，科學家只能透過能量變化，以及基本粒子在電場或磁場中的運動行為），解釋原子、分子與電子等微小物質的行為，建立起量子物理學（或微觀物理）；這套理論以「埃」（十的負十次方公尺）為尺度。而奈米科學介於這兩種尺度之間，物質在奈米尺度下的行為表現，既不同於肉眼可見的物體性質，也不同於量子物理，因此產生一個新的物理理論，稱為介觀物理。

　　物質在奈米尺度下出現許多特質不同於傳統科學理論，例如在奈米尺度下部份金屬的熔點大幅下降、導電性提高。大家都知道鑽石是自然界中最硬的物質，而鑽石是碳原子所構成，同樣為碳原子所構成的奈米碳管卻能夠彎曲達到九十度。

　　用人類社會來舉例，可以發現不同的社群規模也有不同的特性；世界上有各個不同的種族，各自有不同的宗教與風俗習慣，這是巨觀尺度的觀察。不同種族中的個人有個人的行為模式，這是微觀尺度的觀察；而家庭的行為就好比物質在奈米尺度下的行為。

　　目前各種特殊的奈米現象一一被發掘，科學家正在努力蒐集各種現象，建構一套適用於奈米世界的理論。

█ 科學理論與科技應用

　　最近兩年，包括美、日、英、德、法等世界先進國家莫不投入大量經費，鼓勵奈米科技的研究與開發，台灣也在今年將奈米

科技列入國家重點發展計劃。奈米領域的發展不僅是在學術研究
方面，在實際應用層面上的發展也非常迅速，呈現出一種由市場
競爭帶動科學研究的特殊現象。例如半導體產業不但在晶圓的尺
寸上比「大」，同時也在導線上比「小」，半導體產業紛紛投入
大量人力物力開發奈米製程；工研院與民間企業組成團隊，開發
奈米碳管的生產與應用研究。

　　人類的求知慾與夢想一直是科學發展的動力，但是在「奈
米」這個新興的領域中，市場需求與企業甚至國家間的競爭，成
爲推動這項科技發展的主要動力。爲了避免在這場科技競賽中落
後，民間企業與國內大學等研究單位的合作正快速增加。

　　作爲石化工業原料的供應者，中油沒有理由在這波科技革命
中缺席，而這波科技革命的特色，就在於市場牽動技術與研究的
方向。任何一個想在奈米科技領域中取得一席之地的企業，都不
能被動等待研究單位開發出新技術，必須主動了解市場的需要與
發展傾向，投入資源作產品開發。

▎奈米生活科技產品

- 場發射顯示器的奈米碳管電極
- 光觸媒燈管
- 奈米馬桶
- 機車的奈米車殼
- 汽車奈米省油器
- 奈米燃料電池
- 奈米做成的原子顯微鏡
- 場效電晶體

▌結論

　　二十一世紀將是奈米科技的世界，它目前是所謂的第四次工業革命的重大發展，開始廣泛研發新產品，並將運用在人類生活當中。我自己本身有一台光陽 2005 年製造的機車，我有去向光陽工業的烤漆部員工求證，此款機車車殼本身有塗上奈米精油顏料，以及更綿密的烤漆分子，總共是 7 層烤漆（含精油），一般烤漆車殼只有 5 層，奈米車殼比一般車殼的外表來的光滑閃亮，並且還來得抗污，平常只需用清水沖洗即可恢復像新車般的閃亮，而一般車殼保養不易，需時常洗車 & 打蠟擦拭。奈米車殼的售價當然是來得貴，但卻可以省下許多打蠟洗車費用，並且保有新車般的亮度，其實是相當方便實惠的。

第十五章

後疫情時代最重要最新奈米科技新醫藥醫療產業

　　醫生駕著迷你醫療船，進入人體血管與病原體展開大戰；吞下一顆如同藥丸般大小的檢測儀器，就能進行內視鏡的檢查等，都將隨著奈米科技的發展，成為可以實踐的「天方夜譚」。依據美國國家科學基金會的估計，到二〇一五年，全球奈米科技的產值，將達到一兆美元，其中與奈米生技醫藥相關的市場，則將達一千八百億美元。目前在技術層次較低的生物標示方面，國外已經有幾家廠商開始製造，並推出驗孕等商品問世。

　　至於國內在奈米生技上的發展，包括工研院生醫中心、台大光電生物醫學中心與中研院等，也已經積極投入。其中中研院在將奈米技術應用在生物標示上，已有相當的成果；而生醫中心則準備運用生物標示，從事診斷儀器的開發，至於台大光電生物醫學中心，則打算結合生物晶片與奈米科技，朝生物診斷的工具與儀器發展。成功大學化學系教授葉晨聖認為，只要國內奈米科技技術能有一點突破，奈米生技產品與產業化的進展，將有令人預想不到的快速發展。永豐餘公司董事長何壽川更直指，奈米與生物科技的結合，將主導台灣材料工業與產業的轉型。

　　目前全世界都積極投入奈米科技的研究，光是美國政府今年就投入超過五億美元的研發經費，台灣則準備從明年開始，六年投下新台幣二百三十億元，進行奈米國家型計畫，至於國際大型公司，如美國的 IBM、德國西門子、日本的三菱集團與我國的台積電等，都紛紛進入奈米科技的研發。其中產品附加價值高的生技產業，更被認為是奈米科技最能發揮經濟效益的應用領域。美國白宮科技諮詢會委員 M.CR OCO 指出，預計未來 50% 醫藥品生產，都會採用奈米科技。

　　由於大部分生物技術所處理的元素，如蛋白質或 DNA，都屬於奈米尺寸，其中濾過性病毒還被視為自然界最精緻的奈米元

件。也因此生技業對奈米科技充滿期待，希望藉此獲得進一步操控微尺度元素的能力，以達成研究上的突破。

　　而整合了化工、材料、微機電與生醫領域相關技術的奈米生技，可以大略分為兩個研究取向，即「奈米級」的生物技術，與奈米材料在生技領域上的運用。中正大學化學系教授王崇仁表示，「奈米級」生技以對奈米尺寸生物分子的操作技術為主。例如運用微機電技術製造傳導器，並與生物材料結合，讓生物感測器模擬出更接近生物嗅覺或味覺的能力；以及利用奈米尺寸的組織細胞，再生製造出胰臟等人工器官，都是其中應用的例子。

　　至於奈米材料在生技領域上的運用，廖芊樺教授說，以CDSE 這類具發光性的奈米材料，以及色彩明顯的金、銀元素奈米粒子，為生物分子著色以供辨識的「生物標示」；或是運用奈米磁料結合藥物分子作「藥物輸送」，以控制藥物進入人體後產生作用的時間、地點，藉此讓藥品一改過去在人體內「亂槍打鳥」，以適時發揮療效；以及藉由碳六十等極微小奈米元件，能夠穿透細胞特性，進行愛滋病、癌症的治療等，都已開始進入研發的階段。關於技術層次較低生物標示，成功大學化學系教授葉晨聖指出，自一九九九年西北大學研發出突破性技術後，目前國外已經有數家製造生物標記產品的廠商，並推出驗孕等商品問世。但關於藥物輸送、基因轉植或可以進入人體進行自動修補或醫療診治的微型醫療儀器，雖然到實質應用還有些距離，但只要能有一點技術突破，開發這些產品美夢，都將有夢想成真的一天，所以，葉晨聖說，微型醫療儀器的開發，將是「具可行性的天方夜譚」。至於國內奈米生技要走向產業化，台大博士廖芊樺教授認為，可能需要 7 年的時間。但就如同商業周刊所指出，儘管奈米生技要從實驗室實際跨入大眾日常生活，還需要一段不算

短的時間。但在生物的元素，大多屬於「奈米級」的情況下，奈米生技的發展，終將成為從源頭解決人類疾病的方法之一。

▌奈米碳管與生物醫學

　　在後疫情時代研究含有碳元素的化合物幾乎是自然界中所有化合物總和之最，早在 1970 年末期，化學家即對製備碳團簇產生了濃厚的興趣，至今大約有五百萬種的含碳化合物被合成與鑑定出來。

　　碳是元素週期表 IV 族中最輕的元素，共有四個電子可供與其他元素進行鍵結，相較於其同族其他元素有其獨特的性質，固態碳元素在結構方面會因鍵結方式與構造型態的不同而形成同素異形體（allotrope），含碳元素的同素異形體基本上可分為三種不同的型態：(1) 石墨；(2) 鑽石；(3)C60。其中，石墨是碳原子以 sp^2 的共價鍵鍵結而成的二維層狀結構的半金屬，層與層間約距 0.3354nm；鑽石則是碳原子以 sp3 的鍵結形式構成的三維立體結構的材料；C_{60} 則為二十個六圓環與十二個五圓環以 sp^2 的鍵結形式所組合而成似足球的結構。早在 1940 年代，電氣爐邊就曾被發現有直徑達數奈米長度為數微米具管狀結構的碳細絲存在，但其數量非常之少，可惜當時並沒有被重視。直至 1991 年日本 NEC 資深研究員 Sumio. Iijima 以電弧放電法製備 C60 時偶然發現碳管的存在，當 1991 年 Iijima 在寫給自然雜誌（Nature）報告中宣佈成功合成出一種新的碳結構 - 奈米碳管時，引起當時研究單位的密切注意，紛紛將研究重心轉移到奈米碳管上。當理論推測與奈米碳管特性逐步吻合的同時，也為其往後的發展路徑帶來了無限的創造性。

▌奈米碳管

由於奈米碳管的彈性極高，其張力強度比鋼絲強上百倍，但重量卻極輕，且兼具金屬的性質與半導體的性質，故奈米碳管的應用範極廣，可以用作電路中的連接件、可以用作電路開關、可用在平面顯示器等。奈米碳管的發現者飯島澄男預估：二〇〇五年至二〇一〇年左右就可製造出省電、厚度僅數公釐的大面奈米碳管顯示器。

預期在五年至十年內，奈米碳管電池也將開發出來，奈米碳管具有極高儲存電力，但極輕的重量，可改善現有電池所有的缺點，如同電池工業的一場革命，未來對電動汽車工業極有幫助。

二〇一〇年左右，以矽為材料的微米級電子電路技術將走到盡頭，奈米碳管將成為替代矽和其他半導體材料的最佳材料，可以開發出比現有傳輸速度與密度高五十倍至一百倍，且省電效益高五十倍至一百倍的電子設備。

如何製造一個不易損壞、耐用的探針是奈米產業的另一課題，目前已有人用奈米碳管為探針，因為奈米碳管的彈性極高不易折損，且導電性高不易起化學變化，為理想的探針材料之一。

另外，碳六十似乎也為愛滋病帶來一線曙光，碳六十的足球狀化學結構的鍵結，能快速地與 HIV 病毒結合，減低毒素與阻止 HIV 病毒擴散，這將促使生技醫藥公司開發新的碳六十藥物。

如果奈米碳管生產成本降到每公克三十三美元，且年產量可達一噸，將可供應產值達數十億美元的電腦及電視顯示器。如果價格降到每公克二十二美元，則更多產業都能運用奈米碳管，例如可做雷達無法偵測的隱形飛機的機殼。如果降到四‧四美元，則可運用於一般日常生活用品，例如手機、筆記型電腦、PDA

的螢幕。

　　奈米碳管結構：奈米碳管是一具有奈米級直徑與長寬高比的石墨管。碳管內徑可從 0.4nm～數十 nm，碳管外徑則由 1nm～數百 nm，長度則由數微米至數十微米間，可由單層或多層的石墨層捲曲形成中空管柱狀結構，所形成的中空管柱狀結構主要可分為單層（Single-Wall）碳管與多層（Multi-Wall）碳管兩類，然而碳管的特性決定於石墨層的寬度與捲曲的方向，不同的捲曲方向可以表現出碳管金屬、半金屬、半導體等特性，依碳管捲曲方向的不同，可將奈米碳管的形態區分為三類，因不同捲曲方式所造成的碳管螺旋性，會使管壁上的六圓環有不同的扭曲程度，而造成六圓環上未飽和雙鍵間電子傳導的阻力，因此不同的螺旋性造成了奈米碳管間導電性質的差異；全由碳原子所組成的奈米碳管只因結晶結構細微的差異便有導體與半導體之不同，因此也隸屬奈米半導體材料的研究範疇而成為炙手可熱的半導體研究題材。奈米碳管的合成：奈米碳管的微結構對其本身的物性、化性與應用上有極大的影響，故不同的合成方法與合成條件將會產生不同微結構的奈米碳管。在介紹碳管合成方法之前我們必須了解奈米碳管的生長機制。利用散佈於基板中的催化劑金屬微粒作為碳管生長的起源，將碳氫化合物或石墨棒經高溫熱裂解後，沉積在催化劑金屬微粒根基底部，氣化後的碳源不斷的往催化劑底部沉積且慢慢將金屬微粒往上推。直到碳源中斷或催化劑失去活性後即停止生長。以下就常見的幾種奈米碳管的合成做一簡略的介紹：

1. 電弧放電法（Arc-discharge）

　　電弧放電法是 Iijima 在合成 C60 時無意中發現碳管所使用

的合成方法，亦是最早被使用來合成奈米碳管的製程方法。此方法主要的基本原理是在陽極碳棒中心添加金屬催化劑（如鐵、鈷、鎳…）後，將整個系統進行抽眞空後再通入惰性氣體，接著導入 15～30V 的驅動電壓及 50～130A 的電流，然後將陽極等速緩慢靠近陰極，當兩電極距離足夠小時（約 1mm），會於兩極間會產生一高溫（約 4,000K）的電弧，同時將陽極的碳與催化金屬進行高溫氣化並沉積在陰極石墨棒表面，此時所得的陰極沉積物即有碳管的存在。此研究必須特別注意的是：兩電極距離必須保持一定的適當距離才易生成奈米碳管，否則將會生成大量的奈米碳粒（Carbon Nanoparticles）。由電弧放電法所得到的碳管管徑約在 4～30nm 間長度約 1μm 左右，大多爲單層的奈米碳管。欲利用電弧法合成多層奈米碳管，則不需在陽極石墨棒中添加金屬催化劑即可。以電弧法合成奈米碳管的操作所需注意的變數主要有反應時的環境、電極材料、電壓大小與電極距離等。

2. 雷射氣化法（Laser ablation method）

這個製程方法最早是用來合成 C_{60}，由 Rice 大學 R. E. Smalley 實驗室所發展（11）。研究製作原理與電弧放電法相似，乃是將石墨靶材置於高溫反應爐中的石英管內（約 1,200℃）在氬氣環境下，將高能雷射聚焦後打在石墨靶材上，使石墨靶材表面上的碳氣化，藉由流動的惰性氣體將其帶到高溫爐外水冷銅收集器上。

這個方法可以得到較電弧放電法高的奈米碳管產率，所獲得的奈米碳管直徑約 5～20nm，長度可以達到 10nm 以上的單層奈米碳管。根據 R.E Smalley 實驗室研究得知，當使用 Co/Ni、Co/Pt 等混合金屬當作催化劑效果最好，可有效提高產率。而影響

整個製程的重要因素為溫度。

3. 化學氣相沉積法（Chemical vapor deposition）

化學氣相沉積法（CVD）是目前製備單層奈米碳管最有效率的方法，此法可應用於大表面積的生產或擁有多種產物型態的特質。而此法最早是被用來製作碳纖維。反應主要原理乃是將 CH_4、C_2H_2、C_2H_4、C_6H_6 等碳氫化合物的氣體，通入高溫的石英管爐中反應（約 $1,000 \sim 1,200°C$），碳氫化合物的氣體會因高溫而催化分解成碳，吸附在基板催化劑表面而進行沉積成長。由化學氣相沉積法所得到的碳管直徑約 $25 \sim 130nm$ 不等，長度 $10 \sim 60nm$ 以上。此製程方法改善了電弧放電法中碳管太短、低產率、低純度及高製作成本等缺點。

4. 太陽能法（Solar energy method）

1993 年，法國利用太陽能反應爐，於氦氣環境下氣化石墨來製造碳簇。其原理與雷射氣化法相，主要差別在於石墨靶材上的聚焦來源，是由太陽能取代高能量雷射來聚焦。最佳碳管的成長溫度約在 $3,000K$ 屬高溫製程。此製程所得的奈米碳管直徑約在 $1nm \sim 20nm$ 左右，長度目前文獻尚無明確的記載。所得到的產物，含有大量的煤灰、C_{60}、非結晶形的碳與碳微粒，且產率相當低。

5. 微波輔助化學氣相沉積法（MPE-CVD Method）：

這種製程方法是近年來所發展的新製程，可控制碳管的成長方向且縮短了成長的時間，做法是先將金屬催化劑（Co、Ni⋯等）鍍在晶片上，厚度約在 $2 \sim 60nm$ 間，再將其放入微波輔

助 CVD 裝置中成長奈米碳管，所採用的氣體爲甲烷與氫氣的混合氣體或乙炔與氨氣的混合氣體，反應溫度大約在 720～850℃間。氣體流量與催化劑層的厚薄直接影響到碳管的生長，如當催化劑層愈薄時金屬粒徑愈小，所生長得碳管則愈長。奈米碳管有很強的抗撓曲能力，可承受很大的反覆彎曲之力量而不斷裂，亦可承受高的電流強度且熱傳導能力極佳在室溫下約 6,000W/m-Km，約爲鑽石的兩倍。眞空下熱穩定性可達 2,800℃，大氣下亦可達 750℃。但因製作成本高，產率少且純化不易故價值非常昂貴。

奈米碳管元件與應用

由於奈米碳管有許多新的性質，如質量輕、高強度、高韌性、可撓曲性、高表面積、高熱傳導性、導電度特異等，因此衍生了許多新的應用。奈米碳管亦可應用於電視、個人電腦顯示器，目前已進入試做階段。Sumio. Iijima 預估，2005～2010 年左右就可製造出省電、厚度僅數公釐的大畫面顯示器。此外，奈米碳管也可作爲飛機、太空梭的新複合材料，拿來製造氫汽車燃料電池等，可說是種蘊藏無限可能的夢幻材料。繼矽取代鐵之後，奈米碳管有可能取代矽，成爲尖端產業的骨幹材料。CNI 預估，奈米碳管市場大餅每年可達 1,000 億美元。如果價格降到每公克 33 美元，而且年產量可達 1 噸，將可供應產值達數十億美元的電腦及電視顯示器。如果價格降到每公克 22 美元，則更多產業都能運用，例如可做雷達無法偵測的隱形飛機的機殼。如果降到 4.4 美元，則可運用於一般日常生活用品，例如作手機、筆記型電腦、PDA 的材料，可以防電磁干擾。美國最大創投雜誌

《Red Herring》預估，要實現這樣的美夢，看來還要花好幾年
時間。到 2003 年，奈米碳管價格才可能降到每公克 5 美元。此
外，量產技術也有待克服，目前能「量產」的 CNI 每日也只能
製造 25 公克，年營業額達 400 萬美元。以下就奈米碳管的應用
做一簡單的介紹：

1. 場發射顯示器（FED）

奈米碳管優異的電子場發射特性使其在冷場發射源上的應用
上具有相當的潛能，場發射顯示器的特點在於反應時間迅速、寬
廣的視角、工作溫度範圍大、且具有陰極射線管的色彩，有別於
傳統陰極射線管（CRT）因電子發射源體積龐大而顯得笨重，場
發射顯示器則是以數百萬根的奈米碳管做為電子發射源直接平鋪
在螢幕下方，因此每個畫素（Pixel）皆有個別專屬的電子槍，
故螢幕可做的像 TFT-LCD 一樣薄，但目前因無法在低溫下（＜
500℃）基板上長成奈米碳管，而限制其平面顯示器上的應用，
大面積成長碳管與使用壽命等問題即須等待克服。

2. 場效電晶體（Field-effect transistor）

奈米碳管可視為最細的導線，將其置於兩金電極間即可製做
出最小的場效電晶體，因碳管的絕佳導電性與導熱性質也解決了
散熱與熱穩定的問題。但是目前測量碳管的電性皆須藉由 AFM
的探針技巧推移至電極間以便量測，這對於量產上是極大的瓶
頸。

3. 奈米導線（Nanowire）

金屬型奈米碳管本身即是一種分子導線，但其碳原子微結構

強烈的影響碳管的導電度，如碳管的管徑大小與原子排列時的缺陷如六圓環結構中摻雜了五圓環或七圓環等，因此直接使用奈米碳管做爲金屬導線目前尚有困難。1991 年 Kiang et. al. 將金屬粒子填充至奈米碳管中形成一奈米導線，所得到之奈米導線其導電性則由填充金屬決定，如圖十五上圖所示。

4. 強化複合材料

因奈米碳管有極佳的抗拉、抗撓曲、高韌性等機械性質，若將其導入高分子製做成具特殊功能性的複合材料並應用於汽車與建築物等，將可強化其原本材料的性質延長使用的壽命。

5. 儲氫材料

就燃料電池的發展而言，氫氣的儲存一直是一個需要突破的瓶頸。目前儲氫的方法有液化氫、壓縮氫、金屬氰化物及活性碳等方法。但上述技術有缺點以致無法用於商業用途，而中空的多層奈米碳管可將氣體凝結成液體而存於管中，這將使碳管的氣體吸附量大幅增加且單層奈米碳管吸附氫氣的能力遠遠超過活性碳，故若能將奈米碳管有效的應用於燃料電池中，將會是燃料電池的一大突破。

6. 顯微鏡的掃描探針

1998 年 Wong et. al. 嘗試以奈米碳管做爲原子力顯微鏡（Atomic Force Microscope，AFM）探針頭的開發，奈米碳管不論是強度、撓曲度、韌性及導電性皆優於以矽爲基礎的探針頭。目前奈米探管探針的顯微鏡由於量產困難，且奈米探管探針在大氣中亦容易氧化斷裂故壽命受限。

除了上述的應用外，奈米碳管亦可應用於極靈敏氣體偵測器，對於酸性環境或極微量的鹵素氣體、戴奧辛等皆有靈敏的感應。

▌碳奈米管大幅提昇陶瓷材料的特性

單壁式碳奈米管可提昇氧化鋁（alumina）的導電性達 13 個數量級，最近美國加州大學戴維斯分校的研究團隊採用一種新的製程，將氧化鋁與碳奈米管製成抗斷裂複合材料（fracture-resistant composite），它的導電度比目前已知最高的碳奈米管 - 陶瓷複合材料還要高 7 倍以上。材料科學家已廣泛地使用碳奈米管來提高材料的張力強度（tensile strength）及導電與導熱性，但是要將碳奈米管與陶瓷材料結合卻非常困難，最近加州大學戴維斯分校的 Dr. Guo-Dong Zhan 和他的同事採用一種火花電漿燒結（spark-plasma sintering）技術，成功地結合碳奈米管與氧化鋁，他們先將碳奈米管 - 乙醇懸浮液與氧化鋁混合 24 小時，接著再以火花電漿燒結將兩種成份熔合在一起，由於這種製程的溫度較低，因此不會造成碳奈米管的損害。研究人員發現以這種方式製造出來的複合材料，它的導電度會隨著碳奈米管含量及溫度的增加而增加，這與早期的研究差異很大。他們觀察到在攝氏 77 度、碳奈米管（體積）含量為 15% 時，複合材料的導電度最大可達 3375 Siemens/metre。微結構的穿透式電子顯微鏡照片則顯示，在這種複合材料中碳奈米管會自組織成繩索狀並經由凡得瓦力彼此牽連，並纏繞在氧化鋁的晶粒內（entangled within the alumina grains），而導電度增加的原因即在於這些碳奈米管繩索在整個複合材料內形成連續而彼此連結的電通道（electric pathway），同時這些繩索也使得材料本身的結構更強，也更能抗腐蝕。戴維斯分校的研究團隊指出，這種複合材料可應用於需要耐高溫、耐高機械應力以及暴露在化學藥品的環境中，它們將可廣泛地使用於汽車、航太與國防工業所需要的元件中，其他的可能應用還包括微米及奈米電子元件，以及植入物與義肢等醫療器材中。

▌奈米碳管可以冷卻晶片

　　質輕的奈米碳管在未來或許會取代銅，成為新一代可攜式電子產品的散熱裝置。美國及芬蘭的的研究人員發現，只需利用常見的製程技術，便可將奈米碳管陣列生長在矽晶片上。這種碳管產品與銅的散熱速率相當，但是質量較銅輕十倍，而且強度與彈性都更好。

　　奈米碳管是單原子厚的碳薄膜捲曲成的奈米級柱狀結構，雖然質地輕盈，但仍具有相當的強度及彈性，同時還有極佳的導電及導熱特性，因此自 1990 年發現此材料起，研究人員多半嘗試其在電子裝置方面的開發，至於導熱及散熱部分則逐漸被忽視。

　　然而，最近美國壬色列理工學院與芬蘭烏魯大學的研究人員卻首度以奈米碳管製造出矽晶片用的散熱片。他們首先讓長約 1.2 mm、直徑介於 10 到 90 nm 的多壁式奈米管，由矽晶片上朝外生長成一奈米管膜，接這將薄膜剝離基板，再透過雷射蝕刻方式將奈米管膜製備成 10×10 的陣列樣式，即成為由許多根碳管組成的角錐柱狀散熱片。研究人員將該散熱陣列與可攜式及自動電子元件的覆晶（flip chip）表面接合。儘管在接合過程中會有碰撞，但奈米碳管卻未受損害，表現出與銅散熱片相等的冷卻效

率，因此研究人員認爲碳管散熱片在機械強度與韌性上優於脆弱
纖細的銅散熱片，加上質輕的獨特優勢，值得進一步開發。研究
人員表示，目前他們正在設法提升散熱片效能，包括使用高品質
的奈米管、最佳化陣列結構（大小及間隔）等，預期可以達到目
前銅散熱片十倍以上的散熱效率。他們相信在奈米管散熱片未來
在成本上能與當前技術相抗衡。詳見 Applied Physics Letters, 90,
123105（2007）。

　　最近兩年，包括美、日、英、德、法等世界先進國家莫不投
入大量經費，鼓勵奈米科技的研究與開發，台灣也在今年將奈米
科技列入國家重點發展計劃。奈米領域的發展不僅是在學術研究
方面，在實際應用層面上的發展也非常迅速，呈現出一種由市場
競爭帶動科學研究的特殊現象。例如半導體產業不但在晶圓的尺
寸上比「大」，同時也在導線上比「小」，半導體產業紛紛投入
大量人力物力開發奈米製程；工研院與民間企業組成團隊，開發
奈米碳管的生產與應用研究。

▎奈米生物醫學

　　目前奈米科技應用在營養品、生物技術國際上的科學家仍然
持保留的態度，因爲奈米的大小已經以病毒還小，很容易影響到
細胞的 DNA，也就是細胞遺傳物質，所以奈米的藥品和食品必
須謹愼的做研發，至於能不能永生不死，依照現在的生物科技，
是沒有辦法，因爲有太多外在的因素影響我們細胞中的 DNA，
細胞生命的週期完全取決於 DNA，也就是人類的生命期完全貝
DNA 所掌握。

　　由於奈米科技尙在技術研發初期，因此，有關奈米科技對於

倫理、法律、社會等將會產生何種影響，確實也難以預加想像。截至目前為止，一般對於奈米技術應用最大的疑慮，來自於其可能產生的「自我複製（self-replication）」、「自我裝配（self-assembly）」問題，或是所謂的「灰暗、膠化（gray goo）」的問題。簡單的說，有認為奈米科技既是運用分子的複製、分裂特性，則其所製作的各種奈米裝置或奈米機器也可能有「自我複製」的能力，此一能力使奈米機器若未得到適當操控，將可能導致反客為主，以致人類終被其所製造出的奈米機器反噬，自然界亦將毀壞殆盡，最終整個地球的生物環境只剩下「灰暗、膠化」的奈米機器的嚴重後果。2002 年，美國知名作家 Michael Crichton 所出版的小說 Prey（中文譯作：奈米獵殺），即是借用前述奈米裝置的「自我複製」疑慮，探討不負責任的技術發展對人類生活及生態環境可能產生的嚴重影響。

　　為了回應大眾對於奈米技術發展的疑慮，美國政府也開始正視前述問題，奈米法案首次明訂國家奈米計畫應該納入奈米科技應用對於社會、環境、教育、法律等制度可能產生之影響，也特別規定負責計畫外部審查的單位，應注意下述問題並提出相關報告：

　　1. 對於分子自我複製問題，提交有關分子自我複製的技術可行性評估；

　　2. 國家奈米計畫執行過程中，是否適當顧及技術研發對於社會及倫理層面之影奈米結合生技導向微型醫療儀器。

影響評估及其衡量範圍：

　　在新的世紀裡，奈米科技研發也被我國列為國家型計畫之一。奈米國家型科技計畫之通過，無非意識到研究資源必須進一步整合，始能對奈米科技進行更有效率之研發。而我國在大舉投

資奈米科技研發之同時，也應秉持技術發展應作有益於社會整體應用之精神，進行相關之倫理、社會、法律、環境面影響之研究。

▌雷射剝離法製作奈米粉體技術

技術簡介

採用激光脈衝雷射能量，在空氣載體氣流與反應氣流下，由遠紅外線之配方氧化物表面直接剝離物質形成奈米粒子，經收集與分散後，成為具遠紅外線放射功能的奈米粉體。

技術規格

雷射剝離製作之遠紅外線奈米粉體具平均粒徑 80nm 以下，4 至 12µm 波長範圍之平均放射率 85% 以上

技術特寫

特色：雷射剝離法製作奈米粉體，不受化學前驅物在溶液中的不同溶解度影響，可製作複雜組成與晶相的氧化物配方，適合多成份之高效型機能性奈米粉體之製作。此外，利用反應氣流可同時對奈米粉體表面作處理，有利於粉體的分散性。

競爭力：雷射剝離法製作奈米粉體，採用傳統陶瓷製程製作之靶材為原料，材料成本低。調整脈衝雷射的能量與氣流，製

作不同粒徑的粉體，以及表面具特殊披覆的粉體，在粉體的多元化應用有較佳的配合性。對於直接將奈米粉體披覆物體表面的應用，雷射剝離提供快速且低成本的方法。

　　突破點：更高放射率與多功能化為技術發展之重點。調控雷射剝離奈米粒子與反應氣流，配合靶材微結構控制，以獲得更小粒徑與表面特殊披覆的粉體，為技術突破重點。

　　應用範圍：遠紅外線奈米粉體與化纖原料、塑膠、樹脂、紙漿等結合，成為遠紅外線化纖、塑膠製品、塗料、包裝紙等機能性產品的原材料，廣泛應用於各種民生用機能性產品。遠紅外線奈米粉體亦可與黏結劑結合，披覆於陶瓷、金屬、玻璃等無機材料表面，提供遠紅外線放射功能相關之應用。

　　專業建議：雷射剝離法製作奈米粉體技術，需有材料合成與性能評估的基礎。遠紅外線機能產品應用有基礎者為佳。

▋奈米微泳機器人及新醫藥發展

　　先進科幻的未來世界已經不遠了。您能想像嗎？21世紀中葉以後，生活中身邊將充滿各種奈米機器人，居住在能自我清潔、自我診斷及自我維修的房屋內，穿著超薄的多功能超級衣料，出門乘坐燃料電池驅動的自動駕駛汽車，多數人是居家腦力工作者，用語音或腦波操作火柴盒大小卻遠比現今超級電腦運算能力更強悍、記憶體容量更龐大、具有自主判斷能力的第六代電腦，以及可捲曲而薄如紙張卻堅固省電的高彩螢幕，自己體內就有私人的微型工廠，還有一大群個人體內醫療微型機器人群，甚至可從網路下載「產品」（即分子組裝資料，在家自行製造產品），而個人隱私權將完全重新被定義。

　　奈米科技將對於未來人類社會的生活型態、社會結構、文化藝術、經濟活動、政治版圖、戰爭型態、自然資源與生態平衡等產生長久深遠且永不回復的影響。奈米科技正是知識經濟時代的核心知識之一，誰擁有最先進的知識與技術，誰就擁有影響力，搶得更多的資源與權力，並主導世界的未來發展方向。

　　未來軍事力量與未來戰爭，也越來越取決於該國在新武器研發中的科技含量，傳統人海戰術的戰爭將不復存在，奈米科技將徹底改變戰爭面貌，全新戰術與戰略模式即將誕生，而未來戰場範圍將無所不在，真正到達草木皆兵、防不勝防的恐怖境界！未來二十年之內，以奈米武器為主的奈米戰爭紀元即將展開。

　　如同反全球化、反墮胎、反基因研究等反對運動，奈米科技也逐漸激發出反奈米運動的抗議聲浪。人們以對待轉基因作物的眼光來看待奈米技術，於是開始擔心奈米材料與奈米產品進入環境後會對人體產生不良影響。英美產官學界已經對此展開研究與調查。

　　大部分機器人研究機構的科學家均預測 2040 年以後，微型智能機器人將具有人類智慧，甚至人類意識，而人類與機器之間最終將建立一種共生關係，兩者合併成為大大擴展智力的「後生物體」。這將形成何種新型生態？又將如何相互演化？對人類文化與環境有何影響？其他生物會因此加速進化嗎？未來，是天堂，抑或地獄？令人期待卻又不安！

　　奈米科技起步較晚的台灣，雖然基礎技術與設備已逐漸完備，但一般民眾對於奈米科技的認知與認同度未明，2003 年全台 SARS 疫情引發的口罩材質問題已經突顯出此問題。奈米科技在台灣將如何發展？政府支持程度為何？台灣的政軍產學各界領袖是否對奈米科技有足夠準確的遠見？有無妥善的奈米科技人才

長期培育計畫？對台灣會產生多深廣的影響？職業安全衛生的變化趨勢為何？均尚待進一步觀察與研究，而他山之石可以攻錯

奈米科技對健康影響之研究

一、奈米微粒進入肺部

　　至少有兩篇研究報告指出將炭黑（carbon black）注入大鼠肺部，會引起發炎反應，而奈米微粒大小的炭黑則較同材料、等重的大分子更容易引起發炎反應，原因除了所注入奈米微粒的總面積更大之外，可能也和產生金屬離子轉換到該奈米微粒表面有關。研究結論指出，肺部暴露在等量的大分子或奈米微粒中，奈米微粒使肺部發炎的機率較後者為高，亦即，前者的毒性較高。

二、奈米微粒自肺部移向腦部

　　Rochester 大學 Dr. Gunter Oberdorster 等人發表的研究指出，將大鼠暴露吸入奈米微粒 C-13 六個鐘頭之久，剛開始大鼠肺部中的 C-13 會增加，但之後會減少；不過他們追蹤奈米微粒的行進路徑卻發現大鼠腦部的嗅球（olfactory bulb）也出現奈米微粒，且其數量持續增加。這顯示奈米微粒可以透過肺臟進入腦部。

三、奈米微粒自肺部進入血液中

Nemmar A. 等人曾讓自願受試者暴露吸入微量名為 99mTc 的奈米碳球，之後立刻測量受試者血液中的放射性，結果發現肺部的奈米碳球的確有微量會進入血液之中。而 Nemmar 另一份研究奈米微粒與黃金鼠產生血栓的關聯，結果發現黃金鼠吸入聚苯乙烯粒（polystyrene beads）的確可能導致血栓形成。

四、由皮膚吸收的奈米微粒

另外奈米微粒也可能透過皮膚吸收而進入人體，這些討論主要是針對奈米化妝品、奈米防曬乳液與用藥。對於奈米微粒是否會經由皮膚吸收進入人體，而增加產生氫氧自由基（hydroxyl radicals）的風險，而導致氧化與破壞 DNA 的問題，目前仍有爭議。根據歐盟所屬化妝品與非食品科學委員會（SCCNFP）的對奈米防曬乳液所使用之 TiO_2 的說明是，在目前工業界所使用的大小、包覆或沒包覆、防水或親水性的 TiO_2 是安全的，不過要求工業界在使用奈米級的 TiO_2 時要從事額外的試驗以便規範它的安全問題。

英國皇家協會與皇家工程師學院之報告建言：雖然上面蒐集了一些目前奈米微粒對人體肺臟、血液或腦部可能產生影響的研究，但是科學家對於奈米科技對人體健康的影響所知仍然有限。對於由於奈米科學與奈米科技所可能帶來的利益或不確定性，英國皇家協會與工程師學院發表了一份報告，除了討論奈米在科學上的應用及可能的機會之外，也分別討論奈米技術對健康、環境

安全、社會與道德影響等議題，並提出建議如下（非全部建言，僅部分摘錄）：

一、對關於人體健康、環境影響的建言

1. 建議英國的研究委員會成立跨科技中心研究奈米微粒與奈米管枝毒性、流行病學、存留程度與生物累積性、暴露路徑，以發展一套可以用來監控人造與自然環境中奈米微粒與奈米管的方法與儀器。

2. 其次，由於奈米微粒與奈米管對環境的衝擊目前所知有限，所以建議盡可能避免將奈米微粒與奈米管釋放到環境中。

3. 對於消費性產品，該報告建議含有奈米微粒成分的產品在獲准上市之前，應由相關的科學諮詢機構對於所使用的奈米微粒進行完整的安全評估。同時建議製造商公佈評估其奈米產品安全的方法細節。並建議英國政府與歐盟針對奈米產品的性質重新檢討目前的法令規定。

二、對於工作環境的建議

1. 建議英國健康與安全局檢討在工作環境中暴露於奈米微粒的規範，並建議在生產奈米微粒的工作環境中採取較低的暴露量標準。

2. 建議檢討現行法律關於工作環境內外產生意外的管理、並檢討目前對於個人（三）在實驗室或工作環境暴露於奈米微粒或奈米管之管制方式是否足夠。

　　最近幾年，社會上對於奈米科技已有了基本的認識，不至於再出現「奈米是一種新品種的米」這類令人啼笑皆非的答案，多數人也懵懵懂懂地知道，奈米技術幾乎可以運用在人類生活的各個層面，例如：奈米在生物醫療領域的研究與應用，即可通過認識、了解細胞中傳動素的行為模式，對傳動素加以利用及操控，以進行蛋白質再造工程，作為運送藥物的推進馬達，讓藥物可以正確無誤地運送到作用部位。

▌世界主要國家奈米科技發展趨勢

　　一、據估計，全球奈米產品的市場在 2015 年將達到兩兆美元，奈米技術所帶來的龐大經濟利益，使得許多國家投入奈米科技研發的競賽，全世界已有十餘國政府宣布將奈米科技研發列為重要的國家科技發展項目，包括中國大陸及我國。以投資金額來看，全球奈米研究計畫中的資金奧援，主要來自政府經費，並以歐盟、日本及美國三大經濟體為主。

　　二、為發展奈米科技，美國政府自 2001 年起已啟動「國家奈米技術發展計畫（National Nanotechnology Initiative, NNI）」。伴隨 NNI 的提出，美國國會也試圖透過立法方式，確保亟需長期且穩定經費資助的奈米技術研發，不至因各種政治因素而被犧牲。在邁入 2004 年之際，美國總統布希簽署了一項「二十一世紀奈米研究及發展法（21st Century Nanotechnology Research and Development Act）」（以下簡稱：奈米法案），為聯邦政府自 2005 至 2008 這四個預算年度中有關奈米科技的研發補助及計畫執行，正式取得法律授權依據。

　　三、值得注意的是，在各國大舉投資於奈米科技研發之

際，奈米科技所引領的產業與技術革命將對人類生活，包括：倫理、哲學、宗教、法律、社會等諸多層面，產生哪些及何種程度的影響，卻一直未受到相對等的重視，僅有少數關心技術發展影響的非營利團體，諸如：美國的前瞻學會（Foresight Institute）、加拿大的 ETC group（action group on Erosion, Technology and Concentration）等組織，自發性地投入研究。

▋可重複讀寫的奈米微影術

　　德國生化學家發展出一套新的製程方法，可以快速而有效地來製作蛋白質奈米陣列，研究蛋白質與動態蛋白質網絡間的交互作用是生物學的新興課題之一，而奈米蛋白質陣列特別適合用來研究這類現象。科學家利用 AFM 來製作穩定的蛋白質樣品，其解析度可達次微米。化學家的研究小組則進一步將蛋白質微影術推進到奈米級，在 50 nm 的尺度下組裝蛋白質。這項技術將有助於我們了解蛋白質與蛋白質之間的交互作用，並可用來發展單分子解析度的蛋白質晶片。

　　他們選擇了在特定頻率的接觸振動模式下操作 AFM，將不動的蛋白質從表面分離，再將其他蛋白質置於相同位置。這項新技術可以和緩地移動蛋白質，因此蛋白質晶片的表面不會受到奈米微影術的影響。它還有操作快速的優點，只需幾分鐘便能以標準的 AFM 製作出數個陣列。

　　這個蛋白質陣列還可以覆寫，化學家指出，這些奈米陣列可以被刪除並恢復至原有狀態，就像格式化電腦的硬碟或是在 CD-ROM 上重新寫入。此外，更複雜的蛋白質組合，例如在介面上含有各種蛋白質與生物功能，也有可能被製造出來。

利用奈米探針摧毀腫瘤

　　美國科學家發現，熱奈米探針（nanoprobes）可以減緩小鼠乳癌細胞的生長，而不傷害周圍的正常細胞。以往熱療曾被嘗試作為癌症的潛在療法之一，但受限於如何將熱侷限在腫瘤細胞內以及如何預測有效劑量的問題。

　　此實驗使用的生物探針（bioprobes）是將具磁性氧化鐵的奈米球（nanospheres），接上在小鼠乳癌細胞內經放射線標記的單株抗體（radio-labelled monoclonal antibodies）。經聚合物和糖類包覆的生物探針，具有與人類免疫系統生物相容的特性。科學家們將數以兆計的生物探針注入患有人類乳癌的小鼠血液中，接著生物探針會自行找出並佔有惡性癌細胞表面的受體（receptors）。

　　三天後，加大的研究團隊在癌症區施以交變磁場（alternating magnetic field），交變磁場會讓癌細胞上的磁性奈米球以每秒數千次的頻率改變極性，立刻產生熱能，但只要一關掉磁場，生物探針便立即降溫。科學家們使用磁場爆發進行一次20分鐘的處理，並以考慮到生物探針對癌細胞濃度、不同振幅下顆粒加熱速率和磁場爆發間隔的方程式計算劑量處。

　　DeNardo等人發現，小鼠體內的癌細胞經前述處理後生長趨緩，且趨緩程度與熱劑量有關，此外，他們也發覺奈米探針不具生物毒性。DeNardo表示，該小組綜合奈米科技、聚焦磁場治療和定量分子造影技術，發展出一種更安全的技術，可望搭配其他物理療法用來治療乳癌和其他癌症。這個系統已經證實能用在實驗室小鼠身上，接下來則是進行人體的臨床測試。如果測試成功

的話，想必應該會是在醫療上的一大突破吧！

利用奈米微粒投藥至腦部

　　美國密西根大學綜合癌症中心的研究人員利用奈米微粒，將高濃度的光敏藥物（photosensitizing drug）送入腦腫瘤內，並且藉由上述奈米微粒，在治療的同時對腫瘤進行造影及追蹤。腦部腫瘤之所以難被治療，是因為血腦屏障（blood-brain barrier）會防止有害物質隨血流進入大腦，也使得光動力療法（photodynamic therapy, PDT）和化療藥物無法有效的送達目標。一般投藥方式無法將藥物送進腦內，因此必須訴諸另類的方式，而利用攜帶藥物的奈米微粒瞄準腫瘤血管將能解決這些問題。

　　為了證明這個構想，研究人員設計出以癌化的腦腫瘤細胞為目標的奈米微粒，並使其與光敏素（Photofrin）和氧化鐵結合。光敏素是一種使用在光動力療法中的光敏感物質，藉由血流運送到腫瘤細胞，經光活化後能摧毀腫瘤細胞；氧化鐵則是顯像劑（Contrast agent），可用來增強磁共振影像。

　　如果奈米微粒投藥技術被證明對人體安全無虞，研究人員便能重新檢驗以往因為有副作用而遭到捨棄的藥物。Rehemtulla 表示，根據這項研究，原先對正常組織毒性太大的藥（未必是光敏物質）都可能再度被使用，甚至還可以提高劑量以增強療效。

微泳機器人

　　以色列的物理學家設計出一個會游泳的微型機器人，該裝置

除了有助於解答生物學上的基本問題，也可以應用於奈米醫學科技上。在理論上，這個微型游泳器的表現比其他人造游泳器以及簡單的生物有機體還要優秀。

以色列理工學院（Technion-Israel Institute of Technology）的 Joseph Avron 表示，奈米科技的願景之一是製造出微小的自動機器人，可以在人體內游走並治療身疾病。要實現這項願景最主要的挑戰之一，是如何使這麼小的機器人工作，因為在巨觀尺度下有效的運動模式，一旦搬到微小世界中將大為走樣。

這種稱為「推我拉你」（pushmepullyou）的新型微泳機器人，是由二個球型彈性囊袋（bladder）組成，兩者在每一個游泳衝程中互相交換物質。Avron 及其合作者預測，他們的機器人在移動上會比細菌或其他藉由拍打鞭毛（flagellum）移動的生物有機體更有效率，也比其他人造游泳器移動更快。研究小組表示，實際製造此機器人的方法是在囊袋內填充低黏滯性液體。

這種雙球微泳機器人的移動與一種稱為鞭毛藻（Euglena）的微生物的蠕動前進頗為神似。一些生物學家認為這種稱為變形（metaboly）的運動與進食有關，但也有人推測它是用來泅泳。可以確定的是，Avron 等人的研究顯示它是一種有效的游泳模式。

以色列研究小組正在研究能在人體內通道（如脊髓、心臟和肺）中游泳、擷取影像或投藥的奈米級機器人。Avron 表示，他們也研究微小到量子力學效應已經變得顯著的機器人，不過目前看來它離實際應用還相當遙遠。

參考文獻

中文部分

中國時報記者林倖妃：http://www.health.nsysu.edu.tw/fdaglobe/
　　cproduct_001.htm

　　http://archive.udn.com/2003/2/23/NEWS/FINANCE/FIN4/1205102.
　　shtml

「加速發現新藥—藥物研發系列之二」，NATPA Tribune, no. 2, 2001 年
　　（to be published）

《北京青年報》2003 年 12 月 12 日

「台灣發展生技應該做美國夥伴」，2001 年 8 月，商業週刊

「台灣藥物研發的思考」，NATPA Tribune，no. 1，p. 53~57，1998 年

「生物科技與藥物研發—藥物研發系列之一」，NATPA Tribune, no. 1, p.
　　58~59, 1998 年

生物科技雜誌 2003 年 1 月號 http://forums.chinatimes.com.tw/special/
　　death/90030301.htm

　　http://www.hsps.kh.edu.tw/%A5x%C6W%A6a%B0%CF%BE%B9%A9
　　x%B2%BE%B4%D3%B7%A7%AAp.htm

生醫資訊網 http://mdnews.itri.org.tw

田蔚城 著，1999。生物技術的發展與應用，九州圖書文物有限公司。

朱均耀，陳旭麗，賴玉珊，廖婉茹，黃穰，林良平 2001。綠球藻
　　Chlorella spp. 之血球凝集活性，抗菌能力及分離鑑定。中華民國微
　　生物學會，p.72，12 月 16 日，2001，國立陽明大學。台北。

免疫系統：原著～～PARHAM，編譯～～黎煥耀

「促進知識經濟發展的金融政策」，「知識經濟之路」，天下文化書
　　坊，2000 年 12 月

國家衛生研究院公共事務組新聞稿 2002/05/09

廖芊樺，王瑜綺，朱均耀合著 05. 2022。微生物學實驗。永大書局。

廖芊樺。生技保健產品趨勢研討會 2017。微藻凝集素取代防腐劑之先
　　期研究。2017. 10.26。南台科技大學。p03。

廖芊樺彙編 03. 1999。中醫師檢定考生物學，電子書。尊昇資訊有限公
　　司。

廖芊樺編著 02. 2004。美容醫學與生活應用。華立圖書出版有限公司。

廖芊樺編著 08. 2003。新編生活與化學。大中國圖書出版公司。

廖婉茹，朱均耀，林良平，林榮耀，黃穰，2002。微藻凝集素之純化
　　與生產程序之開發研究。

廖婉茹，張治平，許明倫，黃穰，林榮耀 2001。膠原蛋白在顳顎關節
　　礙症病人之功能性探討。中國生物學會，p.50，1 月 12 日，2001，
　　國立台灣大學。台北。

廖婉茹，陳旭麗，林良平 2003。小球藻的培養方法 . 台灣省水產學會
　　研討會，E-36，12 月 20 日，2003，國立海洋技術學院，高雄。

廖婉茹，陳旭麗，林良平 2003。小球藻親醣蛋白的純化方法。台灣省
　　水產學會研討會，B-1-3 12 月 20 日，2003，國立海洋技術學院，
　　高雄。

廖婉茹，黃穰，林榮耀 2004。海藻在美容保健及醫療的應用。美容科
　　技學刊，1(2): 47-52。

廖婉茹，黃穰 1998。藻類在生物技術的應用及未來發展趨勢。中華藻
　　類學會簡訊。2(3): 13-14。

廖婉茹，鍾佳君，黃穰，林榮耀，2002。台灣海藻凝集素生物晶片之

藥物篩選，台灣省水產學會暨學術論文發表會，2002，F-32，12
月 14 -15 日，2002，國立台灣大學，台北。

彰雲嘉地區大專院校 2002 研發成果聯合發表會，P105，12 月 20-21 日，
2002，虎尾技術學院，雲林虎尾。

劉又彰，葉富雅，許錦龍，鄭成，林怡祁，王翠霞，孫櫻芬，陳春
香，張淑瑩，朱悅麗，廖芊樺合著。08. 2003。新編生物學。永大
書局。

鍾佳君，陳冠佑，廖婉茹，黃穰 2002。環境因子對海藻凝集及抗菌活
性的影響。中國生物學會。p55。2 月 2 日，2002，台北。

英文部分

Bioentrepreneurship: Building a Biotechnology Company from Ground up.
Nature Biotechnology Volume 16 Supplement (May 1998). Molecular
Biotechnology: Therapeutic Application & Stategies. Sunil Maulik and
Salil D. Patel. Wiley-Liss, Inc. (1997).

Chen, S.-L., Chu, C.-Y., Liao,W.-R., Huang, R. and Lin, L.-P. 2001.
Hemagglutination, antibiotic activity and identification of *Chlorella spp.*
isolates. The Annual Meeting of the Fisheries Society of Taiwan, T59,
p.24, November 24, 2001, Kaoshiung, Taiwan.

Chu, C.-Y., Chen, S.-L., Liao, W.-R., Huang, R. and L.-P. Lin 2001. Screening
hemagglutinins of freshwater microalgae with animal and human
erythrocytes. The Annual Meeting of the Fisheries Society of Taiwan,
T59, p.11, November 24, 2001, Kaohsiung, Taiwan.

Chu, C.-Y., Chen, S.-L., Liao, W.-R., Huang, R. and L.-P. Lin 2001. Screening
hemagglutinins of freshwater microalgae with animal and human

erythrocytes. Asian Fisheries Society, 6th Asian Fisheries Forum, p11, November 25-30, 2001, Kaohsiung, Taiwan.

Chu, Chun-Yao., Chen, Shi-Li., Lai, Yu-Shan., Laio, Woan-Ru., Huang Rang and Liang-Ping Lin. 2002. Screening of Possessing Hemagglutinins and antibiotic activities potential microalgae in freshwater. P144-145. Ineternational Symposium on Agricultural Biotechnology. Decembers 30,Tainan,Taiwan.

Chu,C.-Y., Chen, S.-L., Liao, W.-R., Huang, R. and Lin, L.-P. 2001. Screening hemagglutination of freshwater microalgae with animal and human erxth R.O.C. ytes. Isolates. Asian Fisheries Society, 6th Asian Fisheries Forum, TP 11, November 25-30, 2001, Kaohsiung, Taiwan.

Chung,C.-C., Chen, K.-Y., Liao, W.-R., Ling, J.-Y., Chiang, Y.-M., Lin, L.-P. and R. Huang 2001. Agglutinating activity from marine algae of Taiwan. The Annual Meeting of the Fisheries Society of Taiwan, T60, p.24, November 24, 2001. Kaohsiung, Taiwan.

Chun-Yao Chu, Shi-Li Chen, Woan-Ru Liao, Rang Huang and Liang-Ping Lin. 2002. The hemagglutinin actives of freshwater microalgae-purfication and characterization of *Chlorella sp.* 中華藻類學會第四屆第一次會員大會及藻類產業與生物技術前瞻研討會大會手冊暨論文摘要集，2002，P 38，11 月 30 日～12 月 1 日，2002, 國立台灣大學，台北。

Huang , R., W.-R. Liao,Huang C. C. and Huang P. J. and 2000. Tne influence of deeper water on plytoplankton growth and producton-A culture study, Acta Oceanographica Taiwanica 38: 153-162.

Huang, Rang., Lin, jung-Yaw., Chiang, Young-Meng and Laio,Woan-Ru 2002. Bioactivity and purification of lectins from marine algae of Taiwan.

P142-143. Ineternational Symposium on Agricultural Biotechnology. Decembers 30, Tainan, Taiwan.

Liao Chien-Hua[1*] 2020. Blue green alga redearch Chinese matiev medicine suface membrane. International Journal of Innovative Applaction On Social Sience And Engineeging Technolnology .Volume 1. part 3; p1-32. September. 2020.

Liao Chien-Hua[1*] 2020. Collagen temporomandivular joint disorders. International Journal of Innovative Applaction On Social Sience And Engineeging Technolnology. Volume 1 part 5; p1-27. September. 2020.

Liao Chien-Hua[1*] 2020. Development and future application of microalgae lectin antivacterial preservative. .International Journal of Innovative Applaction On Social Sience And Engineeging Technolnology. Volume 1. part 6; p1-24. September. 2020.

Liao Chien-Hua[1*] 2020. Preparation of microalgae nano anti-cancrt tea. International Journal of Innovative Applaction On Social Sience And Engineeging Technolnology .Volume 1. part 2; p1-19. September. 2020.

Liao Chien-Hua[1*] 2020. Quantitative of bioactive components in chinest herb medicine By HPLC. International Journal of Innovative Applaction On Social Sience And Engineeging Technolnology .Volume 1. part 4; p1-15. September. 2020.

Liao Chien-Hua[1*] 2021. Toxicity and Safety test of microalgae Lectins that can replace preservatives. International Journal of Innovative Applaction On Social Sience And Engineeging Technolnology. Volume 2. part 1; p2-18. June. 2021.

Liao Chien-Hua[1*] 2021.Separation and Purification of Taiwan Marine Algae Lectin.International Journal of Innovative Applaction On Social Sience

And Engineeging Technolnology. Volume 02. part 1; p2-16. March. 2021.

Liao, W.- R. and M.-L. Hsih 1998. The effect of posterior teeth loss on type I, III collagens in temporo-mandibular joint capsule of rats. Association for Dental Sciences Symposium of the Republic of China, p.41, 1998, Taichung,

Liao, W.-R. and Huang R. 2000. Agglutination of human and animal erythrocytes in marine unicellular algae. Journal of Industrial Microbiology & Biotechnology 24: 262-266.

Liao, W.-R., Huang, R. and Su, H.-M. 2001. Hemagglutinating activity of lectins from marine microalgae. Nova Hedwigia Bei. 122: 99-106. (SCI)

Liao, W.-R., Ling, J.-Y. Shieh, W.-Y., Jeng, W.-L., and Huang R. 2003. Antibiotic activity of lectins from marine algae against marine vibrios. Journal of Industrial Microbiology & Biotechnology 30: 01-16. (SCI)

Pharmaceutical Business News, Jan. 1994/Feb. 1997; Nature Biotechnology, Aug. 1996「Lack of R and D Hinders Biotech Development」，Taipei Times, Oct.5, 2000

國家圖書館出版品預行編目資料

漫談生物科技與倫理／廖芊樺作. -- 二版.
-- 臺北市：五南圖書出版股份有限公司，
2022.10
　　面；　公分
　　ISBN 978-626-343-288-8（平裝）

1.CST: 生物技術　2.CST: 科技倫理

368　　　　　　　　　　111013566

5P11

漫談生物科技與倫理

作　　　者 ― 廖芊樺（333.4）

發 行 人 ― 楊榮川

總 經 理 ― 楊士清

總 編 輯 ― 楊秀麗

主　　　編 ― 高至廷

責任編輯 ― 張維文

封面設計 ― 姚孝慈

出 版 者 ― 五南圖書出版股份有限公司

地　　　址：106臺北市大安區和平東路二段339號4樓

電　　　話：(02)2705-5066　　傳　真：(02)2706-6100

網　　　址：https://www.wunan.com.tw

電子郵件：wunan@wunan.com.tw

劃撥帳號：01068953

戶　　　名：五南圖書出版股份有限公司

法律顧問　林勝安律師事務所　林勝安律師

出版日期　2004年 3 月初版一刷
　　　　　　2022年10月二版一刷

定　　　價　新臺幣360元

經典永恆・名著常在

五十週年的獻禮 —— 經典名著文庫

五南，五十年了，半個世紀，人生旅程的一大半，走過來了。
思索著，邁向百年的未來歷程，能為知識界、文化學術界作些什麼？
在速食文化的生態下，有什麼值得讓人雋永品味的？

歷代經典・當今名著，經過時間的洗禮，千錘百鍊，流傳至今，光芒耀人；
不僅使我們能領悟前人的智慧，同時也增深加廣我們思考的深度與視野。
我們決心投入巨資，有計畫的系統梳選，成立「經典名著文庫」，
希望收入古今中外思想性的、充滿睿智與獨見的經典、名著。
這是一項理想性的、永續性的巨大出版工程。
不在意讀者的眾寡，只考慮它的學術價值，力求完整展現先哲思想的軌跡；
為知識界開啟一片智慧之窗，營造一座百花綻放的世界文明公園，
任君遨遊、取菁吸蜜、嘉惠學子！